◉ 新・電気システム工学 ◉
TKE-1

電気工学通論

仁田旦三

数理工学社

編者のことば

20 世紀は「電気文明の時代」と言われた．先進国では電気の存在は，日常の生活でも社会経済活動でも余りに当たり前のことになっているため，そのありがたさがほとんど意識されていない．人々が空気や水のありがたさを感じないのと同じである．しかし，現在この地球に住む 60 億の人々の中で，電気の恩恵に浴していない人々がかなりの数に上ることを考えると，この 21 世紀もしばらくは「電気文明の時代」が続くことは間違いないであろう．種々の統計データを見ても，人類の使うエネルギーの中で，電気という形で使われる割合は単調に増え続けており，現在のところ飽和する傾向は見られない．

電気が現実社会で初めて大きな効用を示したのは，電話を主体とする通信の分野であった．その後エネルギーの分野に拡がり，ついで無線通信，エレクトロニクス，更にはコンピュータを中核とする情報分野というように，その応用分野はめまぐるしく広がり続けてきた．今や電気工学を基礎とする産業は，いずれの先進国においてもその国を支える戦略的に第一級の産業となっており，この分野での優劣がとりもなおさずその国の産業の盛衰を支配するに至っている．

このような産業を支える技術の基礎の成っている電気工学の分野も，その裾野はますます大きな広がりを持つようになっている．これに応じて大学における教育，研究の内容も日進月歩の発展を遂げている．実際，大学における研究やカリキュラムの内容を，新しい技術，産業の出現にあわせて近代化するために払っている時間と労力は相当のものである．このことは当事者以外には案外知られていない．わが国が現在見るような世界に誇れる多くの優れた電気関連産業を持つに至っている背景には，このような地道な努力があることを忘れてはいけないであろう．

本ライブラリに含まれる教科書は，東京大学の電気関係学科の教授が中心となり長年にわたる経験と工夫に基づいて生み出したもので，「電気工学の体系化」および「俯瞰的視野に立つ明快な説明」が特徴となっている．現在のわが国の関係分野において，時代の要請に充分応え得る内容をもっているものと自負している．本教科書が広く世の中で用いられるとともにその経験が次の時代のより良い新しい教科書を生み出す機縁となることを切に願う次第である．

最後に，読者となる多数の学生諸君へ一言．どんなに良い教科書も机に積んでおいては意味がない．また，眺めただけでも役に立たない．内容を理解して，初めて自分の血となり肉となる．この作業は残念ながら「学問に王道なし」のたとえ通り，楽をしてできない辛いものかもしれない．しかし，自分の一部となった知識によって，人類の幸福につながる仕事を為し得たとき，その苦労の何倍もの大きな喜びを享受できるはずである．

2002 年 9 月

編者　関根泰次
日高邦彦
横山明彦

「新・電気システム工学」書目一覧

書目群Ⅰ	書目群Ⅲ
1　電気工学通論	15　電気技術者が応用するための「現代」制御工学
2　電気磁気学——いかに使いこなすか	16　電気モータの制御とモーションコントロール
3　電気回路理論	17　交通電気工学
4　基礎エネルギー工学［新訂版］	18　電力システム工学
5　電気電子計測	19　グローバルシステム工学
書目群Ⅱ	20　超伝導エネルギー工学
6　はじめての制御工学	21　電磁界応用工学
7　システム数理工学——意思決定のためのシステム分析	22　電離気体論
8　電気機器学基礎	23　プラズマ理工学——はじめて学ぶプラズマの基礎と応用
9　基礎パワーエレクトロニクス	24　電気機器設計法
10　エネルギー変換工学——エネルギーをいかに生み出すか	
11　電力システム工学基礎	別巻1　現代パワーエレクトロニクス
12　電気材料基礎論	
13　高電圧工学	
14　創造性電気工学	

まえがき

電気・電子系工学以外の学生に対する電気電子工学全般を講義には，電気（電子）工学概論や電気電子工学通論，一般電気電子工学と称するものがある．これに対応する教科書として，電気電子工学概論・電気電子工学要論などの多くの教科書が出版されている．

これらの多くは電気電子工学のほとんどを網羅したもので，正しい概論となっている．したがって，これをマスターすれば，ほぼ電気・電子工学を理解したことになる．しかし，これを例えば，半期，あるいは1年で講義することは非常に難しい．何故なら，電気電子工学科では，これを2年あるいは2年半，通して講義している内容であるからである．

そこで，この本では，電気・電子工学の基礎的なものに限って，その概説を行うことを試みる．電気・電子工学の基礎も時代とともに変化し，電気回路，電気磁気学，電子回路，電子物性工学，情報工学の基礎などがその基礎科目としてあげられる．後者3つの科目は色々な形で電気系以外の学科や，教養の物理で講義があることを考え，ここでは電気回路を中心とした電気工学概論の教科書を作成することにした．

世の中に進み様々な分野で学際化が進められていることに気づくであろう．1つの物事を成し遂げるために，色々な技術者のみならず，多くの他分野の人々の協力が必要である．その中に電気工学の技術者が含まれている場合が多い．本書を学習することで，そのようなときに電気工学の技術者は本書のような教育を受けてきたと思って頂ければ，この教科書の意味があったと考えている．

上述の背景から，表記のような目次をもって，教科書を執筆した．

2005年8月

仁田　旦三

目　　次

主な記号

V	電圧
I	電流
R	抵抗
G	コンダクタンス
P	電力
W	電力量
$\boldsymbol{H}$	磁界
$\boldsymbol{J}$	電流密度
$\boldsymbol{D}$	電束密度
$\boldsymbol{B}$	磁束密度
μ，μ_0，μ_r	透磁率，真空の透磁率，比透磁率
ε，ε_0，ε_r	誘電率，真空の誘電率，比誘電率
Φ	磁束
L	インダクタ，インダクタンス
M	相互インダクタンス
$\boldsymbol{E}$	電界
$\boldsymbol{q}$	電荷密度
Q	電荷
C	キャパシタ，キャパシタンス
v	電圧の瞬時値
i	電流の瞬時値
E	平均電圧
I	平均電流
$\dot{E}$	複素電圧
$\dot{I}$	複素電流
$\dot{Z}$，$\lvert\dot{Z}\rvert$	複素インピーダンス，インピーダンス
$\dot{Y}$，$\lvert\dot{Y}\rvert$	複素アドミッタンス，アドミッタンス
X	リアクタンス
B	サセプタンス
ω	角周波数

1 直流回路

直流回路と聞いただけで，もうすでに，中学・高校，いや，小学校で習得したと思われる人も多いのではないだろうか．しかし，電気回路の基本は，直流回路であり，交流回路もできるだけ直流回路の考えに近づけることでその解析を簡素化している．

1 章で学ぶ概念・キーワード

- 直列，並列
- Δ–Y 変換
- 電力

1.1 回路素子

電気の基本的概念として，電圧と電流があることは既によく知っていると思う．電圧は記号 V で単位は [V] (ボルト，Volt)，電流は記号 I で単位は [A] (アンペア，Ampere) である．回路素子として電池のような電源と抵抗の2つが考えられる．電源は理想的なものを考え，

- **電圧源** (E)：電圧がいつも一定の電源
- **電流源** (J)：電流がいつも一定の電源

の2種がある．図 1.1 に示す．従来からの慣習的な記号と JIS による記号を示す．

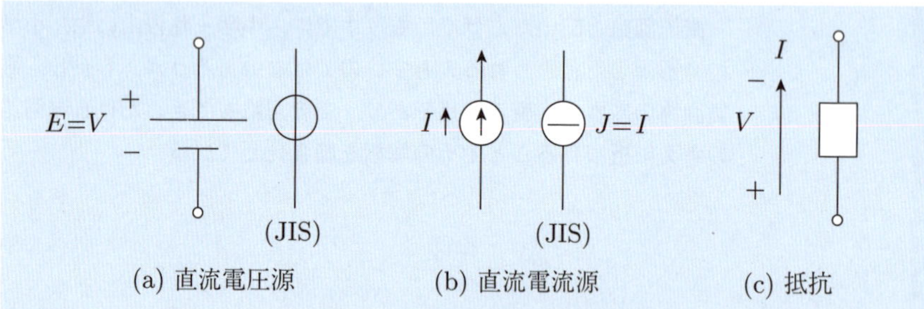

図 1.1 直流回路素子と記号

回路素子として，抵抗は電圧と電流が比例関係にある．すなわち，

$$V = RI \tag{1.1}$$

R を**抵抗**と呼び，単位は [Ω] (オーム，Ohm) である．このとき，電圧と電流の方向が図 1.1(c) と考えていることに注意する (今までの常識と同じである)．電圧と電流の関係を逆にし，

$$I = GV \tag{1.2}$$

(G を**コンダクタンス**，単位は [S] (ジーメンス，Siemens)) の表記もある．同じ1つの素子では当然であるが，

$$G = \frac{1}{R} \tag{1.3}$$

となる．

1.2 回　　路

回路とは，前節で述べた素子を接続したものである．図 1.2 はその一例である．添字は，便宜上，電圧源，抵抗，電流源の順につけてある．また，矢印は電流の方向を示す (任意の方向でよい)．電流の矢印が決まると，電圧の方向は自動的の決まる．例えば，抵抗 R_2 の電圧は図のようになる．回路を解くというのはこの回路素子や，電圧・電流を求めることである．

電圧源の電流の方向は，電圧源内で − から + に流れる．この電流に対して，自動的に与えられる電圧の方向は，この電圧源の電圧の方向と逆になることに注意すること．

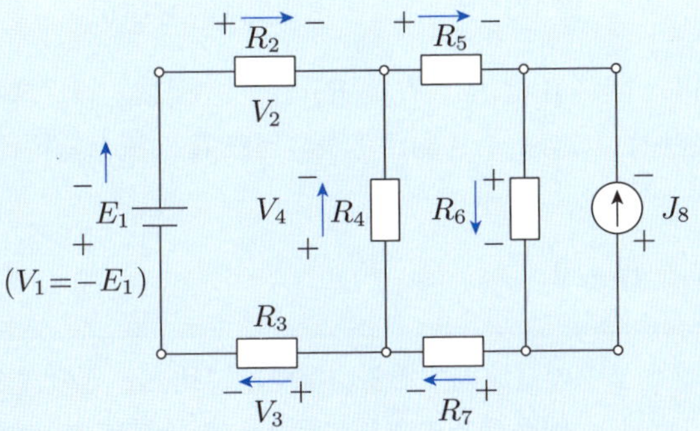

図 1.2　回路の例

この回路を解くにあたって，回路の接続関係からキルヒホッフ (Kirchhoff) の電圧・電流法則がある．

キルヒホッフの電圧法則

回路の中で 1 巡する電圧とその方向性を考慮すると，総和は 0 である．例えば，$E_1 \to R_2 \to R_4 \to R_3$ で 1 巡するこの電圧を，1 巡方向を上のように考えると ($V_1 = -E_1$ に注意)，

$$-V_1 + V_2 + V_3 - V_4 = 0 \tag{1.4}$$

キルヒホッフの電流法則

回路を2つに分割する．この分割には回路素子を取り除く．この例で，例えば，R_2 と R_4 と R_7 を取り除くと，回路は2つに分けられる．分割された1つの回路は E_1，R_3 からなり（回路Iとする），もう1つは R_5，R_6，J_8 からなる（回路II）．

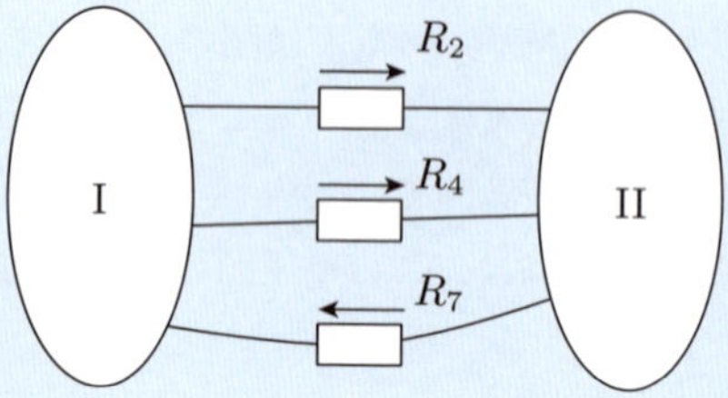

図 1.3 キルヒホッフ電流則の説明図

この回路Iと回路IIは R_2，R_4，R_7 を介して接続されていることになる（図1.3参照）．このとき，回路Iから回路IIへ流れる電流の総和は0である．

$$I_2 + I_4 - I_7 = 0 \tag{1.5}$$

これがキルフホッフの電流則である．電圧則に比べ，その式を見つけるのは少し難しい．しかし，回路分割の方法には1つの接続点のみを回路IIとするものであり，それを見つけるのは簡単である．例えば，R_2 と R_4 と R_5 を除くと，回路IIはそれらの抵抗の接続点になる．このとき，キルヒホッフの電流則により，

$$I_2 + I_4 - I_5 = 0 \tag{1.6}$$

以上のキルヒホッフの電圧・電流法則をオームの法則から，回路方程式を立て，それを解けば，回路の電流・電圧が求められることになる．いまの例で考えると，オームの法則，これを拡大解釈し，電圧源 $V_1 = -E_1$，電流源 $I_8 = J_8$ の式もオームの法則とすると，8個の電圧・電流の関係式が得られる．キルヒホッフの電圧側より，

$$
\begin{cases}
-V_1 + V_2 - V_4 + V_3 = 0 \\
V_5 + V_6 + V_7 + V_4 = 0 \\
V_6 + V_8 = 0
\end{cases}
\tag{1.7}
$$

の3つの独立な式が得られる(どのようにすれば独立な式が求められるかは，1つの課題であり，第2章でそのことを述べる).

また，キルヒホッフの電流則より，

$$
\begin{cases}
I_1 - I_2 = 0 \\
I_2 + I_4 - I_5 = 0 \\
I_5 - I_6 + I_8 = 0 \\
I_5 - I_7 = 0 \\
I_4 + I_3 - I_7 = 0
\end{cases}
\tag{1.8}
$$

の5つの独立な式が得られる(これも電圧の問題式と同様に独立な式を得るのは1つの課題であり，第2章でそのことを述べる).

以上の例では，独立な式がオームの法則[1)]より8個，キルヒホッフの電圧則より3個，電流側より5個，と計16個得られ，未知数(電圧源の電流，電流源の電圧を含み)が16であり，解があることになる.

このようなやり方で回路を解くのは，簡単ではない．そこで，中学あるいは高校で習った直列，並列の変換を行い回路を簡単化し，回路を解析することになる.

1) $V_1 = -E_1, I_8 = J_8$ もオームの法則より得られる式と考える.

1.3 直列回路と並列回路の変換

直列回路を1つの素子に変換することは既知と思われるのが，ここでは，図1.4に示す回路で説明する．

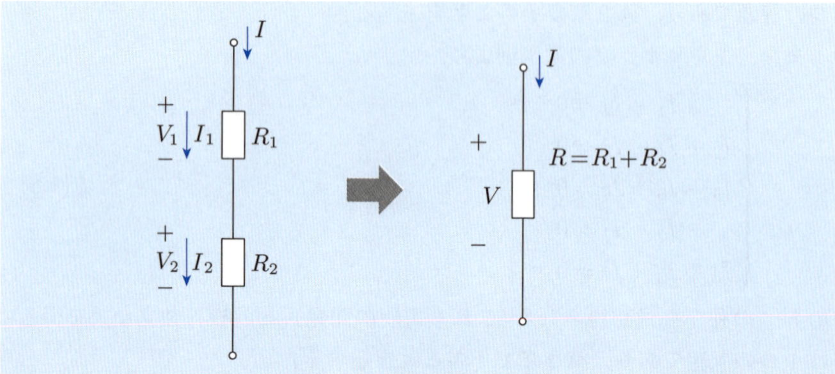

図 1.4 直流回路

例1 図1.4の回路でキルヒホッフの電圧則より，$I_1 - I_2 = 0$ である ($I_1 = I_2 = I$)．$V = V_1 + V_2$ であるから

$$V = R_1 I_1 + R_2 I_2 = (R_1 + R_2) I_1$$

したがって，回路解析終了後 V と I が求まったとすると，

$$V_1 = \frac{R_1}{R_1 + R_2} V \tag{1.9}$$

$$V_2 = \frac{R_2}{R_1 + R_2} V \tag{1.10}$$

$$I_1 = I_2 = I \tag{1.11}$$

と変換後の電圧・電流の関係が求まる． □

並列回路も同様に1つの素子に変換できる．

例2 図1.5に示す回路で，

$$I = I_1 + I_2 \tag{1.12}$$

$$V_1 = V_2 = V \tag{1.13}$$

より

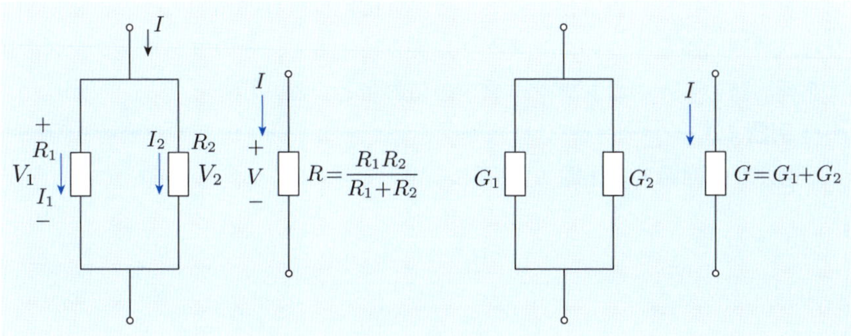

図 1.5　並列回路

$$I = \frac{V_1}{R_1} + \frac{V_2}{R_2} = \left(\frac{1}{R_1} + \frac{1}{R_2}\right)V \tag{1.14}$$

$$V = \frac{R_1R_2}{R_1 + R_2}I \tag{1.15}$$

コンダクタンスを使用すれば

$$I = G_1V_1 + G_2V_2 \tag{1.16}$$

$$= (G_1 + G_2)V \tag{1.17}$$

各々の素子 R_1, R_2 に流れる電流 I_1, I_2 は

$$I_1 = \frac{R_2}{R_1 + R_2}I \tag{1.18}$$

$$I_2 = \frac{R_1}{R_1 + R_2}I \tag{1.19}$$

となる．　□

ここで

直列 ⇔ 並列，抵抗 ⇔ コンダクタンス，電圧 ⇔ 電流

の対応関係を考えると，例えば「直列回路の電圧は各々の電圧の和となる」という文章に対して，その対応をあてはめると,「並列回路の電流は各々の電流の和となる」という文章ができ，もとのものが正しいとその対応した文章も正しい．このような関係を**双対**という．

例1の直列回路の変換と例2の並列回路の変換で双対について考える．直列回路を1つの抵抗に置き換えると，その抵抗値は直列回路の各々の抵抗の和となる．並列回路を1つのコンダクタに置き換えると，そのコンダクタンスの値は並列回路の各々のコンダクタンスの値の和となる．

例題 1.1

図 1.6 の回路の電圧源 E に流れる電流を求めよ．

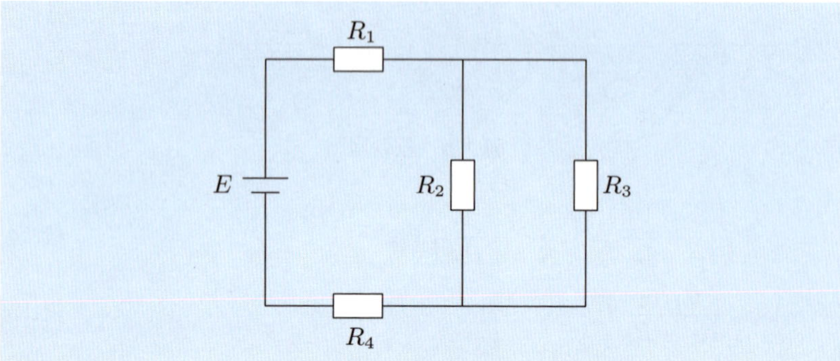

図 1.6 回路例

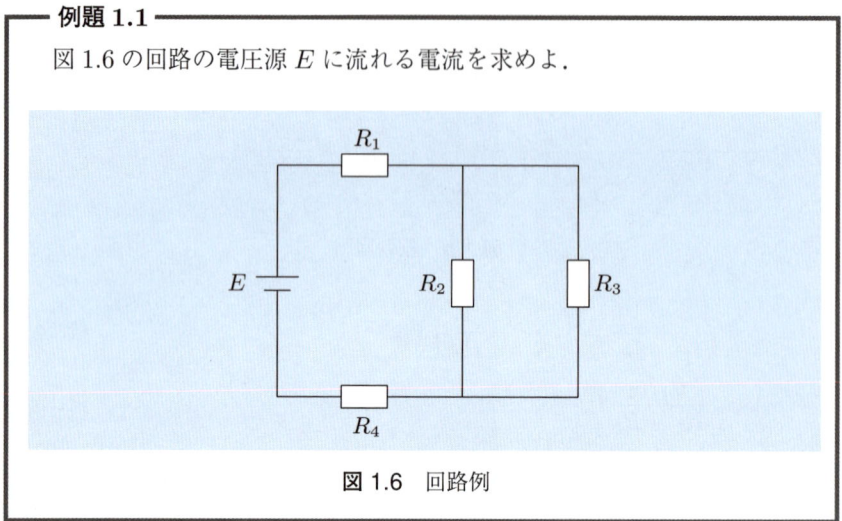

【解答】 以上のように，式の独立性を考えずに，回路を解くことができる[2]．

R_2 と R_3 が並列より，合成抵抗は $R = \dfrac{R_2 R_3}{R_2 + R_3}$ となる．これと R_1 と R_4 が直列より，その合成抵抗は

$$R_1 + R_4 + \frac{R_2 R_3}{R_2 + R_3}$$

となる．したがって電圧源 E を流れる電流 I は，

$$I = \frac{E}{R_1 + R_4 + \dfrac{R_2 R_3}{R_2 + R_3}} = \frac{(R_2 + R_3)E}{(R_1 + R_4)(R_2 + R_3) + R_2 R_3}$$

となる． ■

[2] この「比較的簡単にできるようにする」考え方は電気 (電子) 工学で最も基本的である．これが等価回路の考え方や，簡単で便利な商品を産んでいる．

例題 1.2

図 1.7 の回路の電源 E に流れる電流を求めよ．

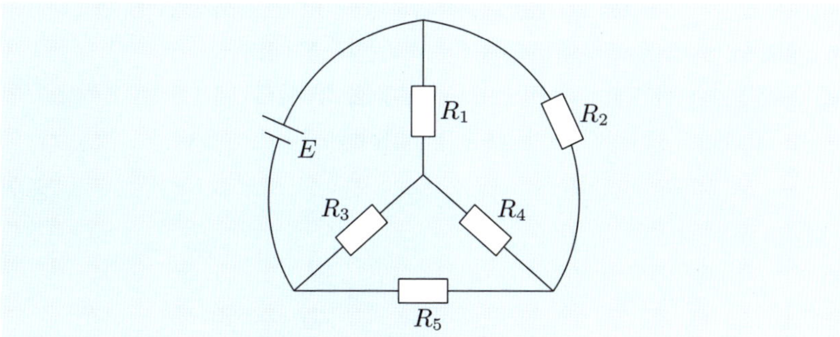

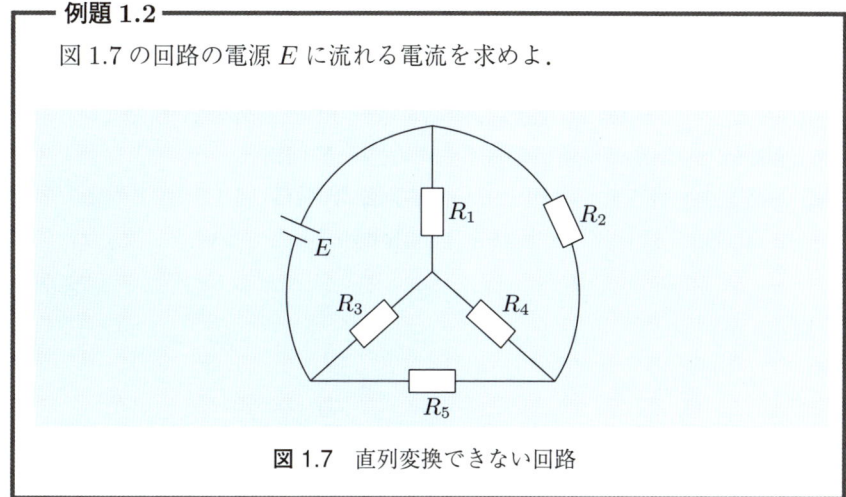

図 1.7　直列変換できない回路

【解説】　さて，直列回路の変換も並列回路の変換もできない (p.13 に解答を記す)． ■

前述の直列回路の変換や並列回路の変換ができ，その変換の最終が電流と 1 つの抵抗になり得る回路を直並列回路という．上の例題のようにそれができないものを直並列回路でないという．

直並列回路でない回路を式の独立性を考えないで解くことを考えよう．それには次節の Δ–Y 変換が必要である．

1.4　Δ–Y 変換

図 1.8(a) の 3 つの素子 (抵抗) が環状に接続された回路を Δ 回路という．また，同図 (b) のように星型に接続された回路を Y 回路という．

Δ 回路を少し書き直すと図 1.9(a)，Y 回路も同様に図 1.9(b) となる．したがって Δ 回路を Π 回路，Y 回路を T 回路と呼ぶことも多い．

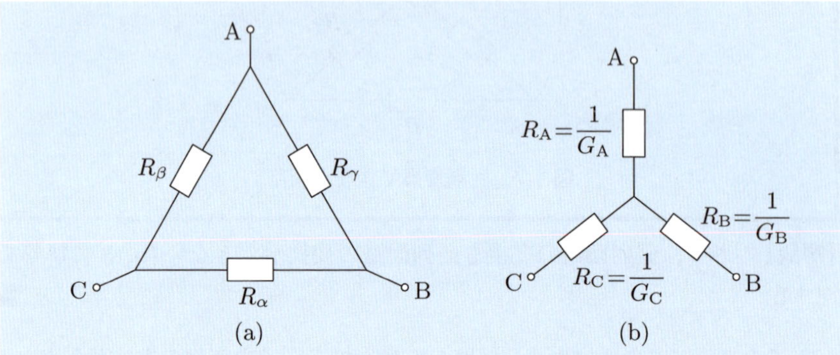

図 1.8

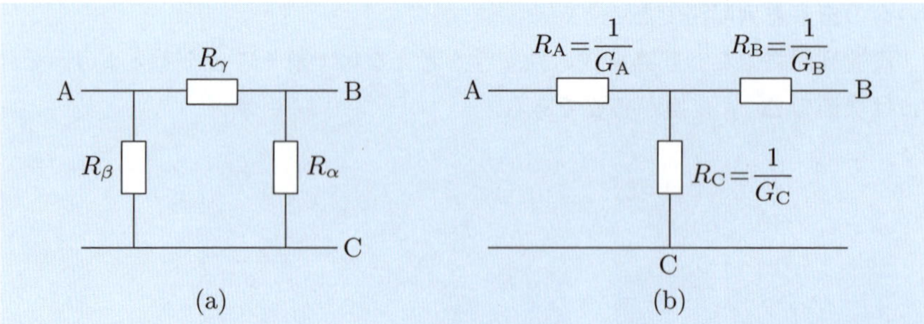

図 1.9

この両者の回路を A, B, C の端子から見て等価となるような変換を **Δ–Y 変換**または，**Y–Δ 変換**という．Δ–Y 変換は，抵抗やコンダクタンスの記号の付け方で覚えやすくなる．すなわち，以下のような記号を付けて行う．

Δ 回路では抵抗で表現し，端子 A の対辺にある抵抗を R_α，以下 B, C についても同様に記号付けする (図 1.10(a) 参照)．

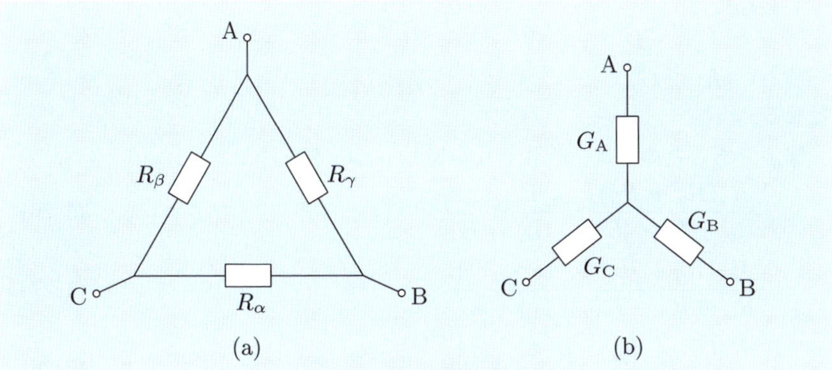

図 1.10

Y 回路では端子 A に接続されているコンダクタを G_A，以下 B, C についても同様に G_B, G_C と記号付けする (図 1.10(b) 参照).

AB 間の抵抗は

- Δ 回路では

$$\frac{1}{\dfrac{1}{R_\gamma}+\dfrac{1}{R_\alpha+R_\beta}}=\frac{R_\gamma(R_\alpha+R_\beta)}{R_\alpha+R_\beta+R_\gamma} \tag{1.20}$$

- Y 回路では

$$\frac{1}{G_A}+\frac{1}{G_B} \tag{1.21}$$

となり，BC 間の抵抗も同様に

- Δ 回路では

$$\frac{R_\alpha(R_\beta+R_\gamma)}{R_\alpha+R_\beta+R_\gamma} \tag{1.22}$$

- Y 回路では

$$\frac{1}{G_B}+\frac{1}{G_C} \tag{1.23}$$

となる．CA 間の抵抗は,

- Δ 回路では

$$\frac{R_\beta(R_\gamma+R_\alpha)}{R_\alpha+R_\beta+R_\gamma} \tag{1.24}$$

- Y 回路では

$$\frac{1}{G_{\mathrm{C}}}+\frac{1}{G_{\mathrm{A}}} \tag{1.25}$$

となる．

等価であるためには，それぞれが等しいことが条件である．

$$\frac{R_\gamma(R_\alpha+R_\beta)}{R_\alpha+R_\beta+R_\gamma}=\frac{1}{G_{\mathrm{A}}}+\frac{1}{G_{\mathrm{B}}} \tag{1.26}$$

$$\frac{R_\alpha(R_\beta+R_\gamma)}{R_\alpha+R_\beta+R_\gamma}=\frac{1}{G_{\mathrm{B}}}+\frac{1}{G_{\mathrm{C}}} \tag{1.27}$$

$$\frac{R_\beta(R_\gamma+R_\alpha)}{R_\alpha+R_\beta+R_\gamma}=\frac{1}{G_{\mathrm{C}}}+\frac{1}{G_{\mathrm{A}}} \tag{1.28}$$

(1.26) − (1.27) + (1.28) 式より

$$\frac{1}{G_{\mathrm{A}}}=\frac{R_\beta R_\gamma}{R_\alpha+R_\beta+R_\gamma} \tag{1.29}$$

が得られる．同様に求めると

$$\begin{cases} G_{\mathrm{A}}=\dfrac{R_\alpha+R_\beta+R_\gamma}{R_\beta R_\gamma} \\ G_{\mathrm{B}}=\dfrac{R_\alpha+R_\beta+R_\gamma}{R_\gamma R_\alpha} \\ G_{\mathrm{C}}=\dfrac{R_\alpha+R_\beta+R_\gamma}{R_\alpha R_\beta} \end{cases} \tag{1.30}$$

が得られる．

逆は少し天下り的であるが，

$$\begin{aligned} &\frac{G_{\mathrm{A}}+G_{\mathrm{B}}+G_{\mathrm{C}}}{G_B\cdot G_C} \\ &=\frac{\dfrac{R_\alpha+R_\beta+R_\gamma}{R_\beta R_\gamma}+\dfrac{R_\alpha+R_\beta+R_\gamma}{R_\gamma R_\alpha}+\dfrac{R_\alpha+R_\beta+R_\gamma}{R_\alpha R_\beta}}{\dfrac{(R_\alpha+R_\beta+R_\gamma)^2}{R_\gamma R_\alpha^2 R_\beta}} \\ &=\frac{(R_\alpha+R_\beta+R_\gamma)(R_\alpha^2+R_\alpha R_\beta+R_\alpha R_\gamma)}{(R_\alpha+R_\beta+R_\gamma)^2} \\ &=R_\alpha \end{aligned} \tag{1.31}$$

となり，以下同様にして

$$\begin{cases} R_\alpha = \dfrac{G_\mathrm{A} + G_\mathrm{B} + G_\mathrm{C}}{G_\mathrm{B} G_\mathrm{C}} \\ R_\beta = \dfrac{G_\mathrm{A} + G_\mathrm{B} + G_\mathrm{C}}{G_\mathrm{C} G_\mathrm{A}} \\ R_\gamma = \dfrac{G_\mathrm{A} + G_\mathrm{B} + G_\mathrm{C}}{G_\mathrm{A} G_\mathrm{B}} \end{cases} \tag{1.32}$$

が得られる．

式 (1.30) と式 (1.32) を見ると，G と R を，また α, β, γ を A, B, C に各々入れ換えたものであり，覚えやすい．

【例題 1.2 の解答】 Δ–Y (Y–Δ) 変換を用いて，前節の例題 1.2 を解いてみよう．

R_1, R_3, R_4 からなる Y 回路を Δ 回路に等価変換すると，

$$R_\alpha = \frac{R_3 R_4}{R_1} + R_3 + R_4$$

$$R_\beta = R_1 + R_3 + \frac{R_1 R_3}{R_4}$$

$$R_\gamma = R_1 + R_4 + \frac{R_1 R_4}{R_3}$$

を得る．その結果，図 1.11 の回路となり，これは直並列回路であるので，直並列変換を用いて解ける． ■

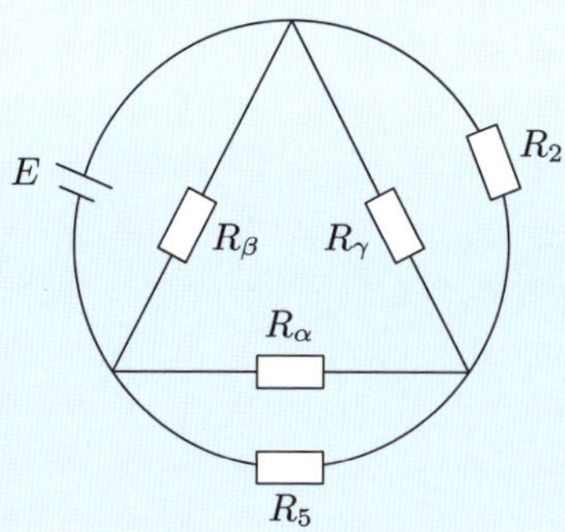

図 1.11

1.5 電　　力

電力は電圧と電流の積で表されている．

すなわち，電力 P[W](ワット) は，電圧を V[V]，電流を I[A] として

$$P = VI \tag{1.33}$$

となる．t 秒間に抵抗で消費される電力量 W[Ws]，つまり [J] (ジュール) は，

$$W = Pt \quad [\mathrm{Ws}] \tag{1.34}$$

となる．

例3 3 V, 0.5 W の抵抗がある．この抵抗値を求めると，

$$\text{電流} = \frac{\text{電力}}{\text{電圧}} = \frac{0.5}{3}$$

したがって，

$$\text{抵抗} = \frac{\text{電圧}}{\text{電流}} = \frac{3}{\frac{0.5}{3}} = 18[\Omega]$$

となる．□

1 章の問題

□ **1** 3 個の抵抗があり，各々10 Ω, 50 Ω, 100 Ω である．接続をすべて考えたとき，得られる抵抗値はいくらか．

□ **2** 図 1.12 の回路の a, b 間の抵抗を求めよ．各抵抗は 1 Ω とする．

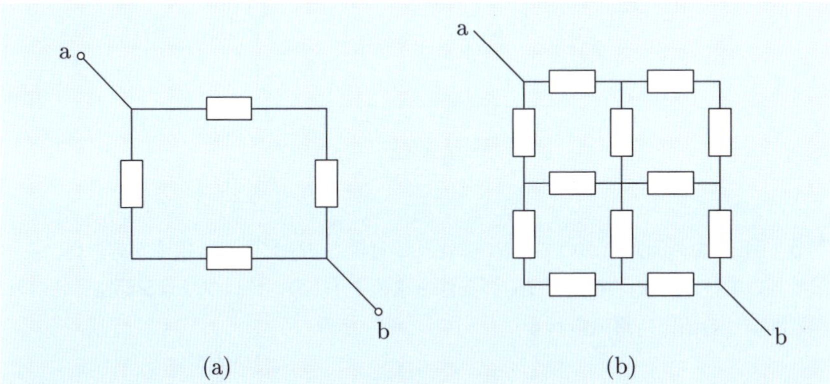

図 1.12

□ **3** 図 1.13 の回路の R_2 にかかる電圧を内部抵抗 R の電圧計で測定することを考える．

(1) 電圧計を接続しないときの R_2 の電圧を求めよ．

(2) 電圧計を接続したときの R_2 の電圧を求めよ．

(3) 誤差を求めよ．

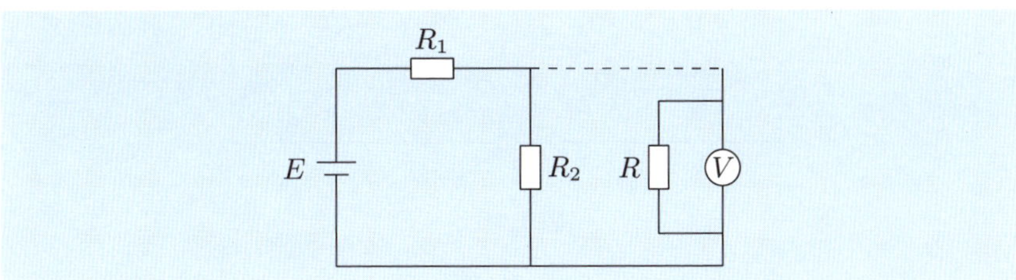

図 1.13

□**4** 図 1.14 の回路において $R_1 + R_2 = R$ である．R_2 にかかる電圧を最大にするには R_2/R_1 の比をいくらにすればよいか．

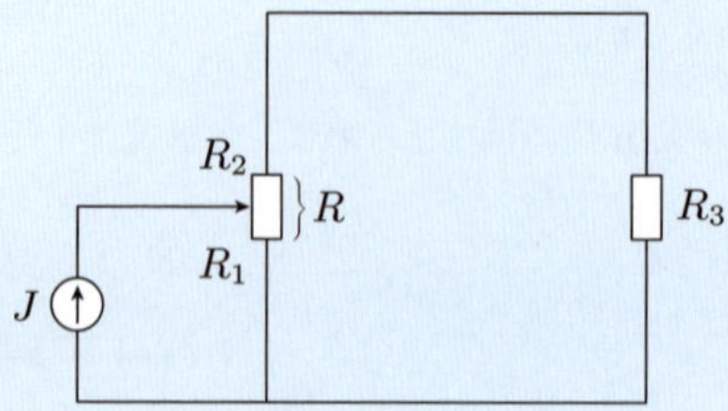

図 1.14

□**5** 図 1.15 の回路において，R_1 に流れる電流と R_2 に流れる電流が等しい．このときの抵抗 R_1, R_2, R_3, R_4, R_5 の条件を求めよ (この回路は**ブリッジ回路**と呼ばれ，抵抗などの測定に用いられる)．

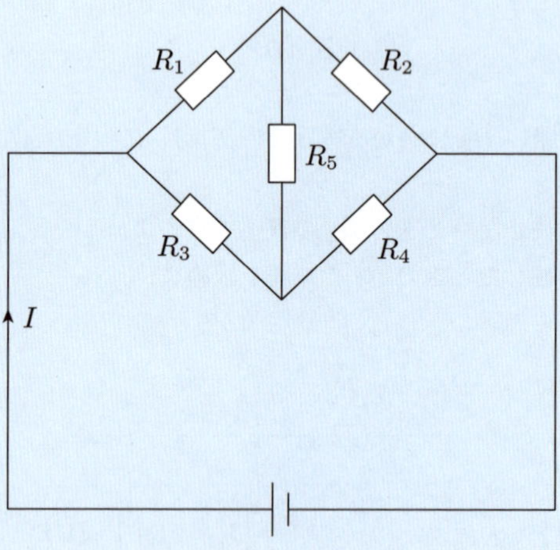

図 1.15

2 独立な方程式を求めるために

第１章ではキルヒホッフの電圧則や電流則から独立な関係式を導くことが必要である課題を残した．この課題に解を与えることを考える．キルヒホッフの電圧則や電流則は，電圧源，電流源，抵抗の接続関係から得られる．このことに関してグラフ理論が便利である．

本章ではグラフ理論の概説を行う．グラフ理論は，電気回路だけでなく，ネットワークに関係する問題を考える上で便利である．

２章で学ぶ概念・キーワード

- グラフ，木
- タイセット，カットセット
- 節点解析，網目解析

2.1 グラフとは

グラフとは接続関係だけを示すもので，例えば，図 2.1(a) の回路に対して，図 2.1(b) がそれに対応するグラフという．素子が接続する点を**節点**[1] と呼ぶ．図 2.1(a) の ①～④ が節点を表す．節点間を結んでいるものを**枝**[2] と称する．すなわち，グラフは節点と枝からなる．

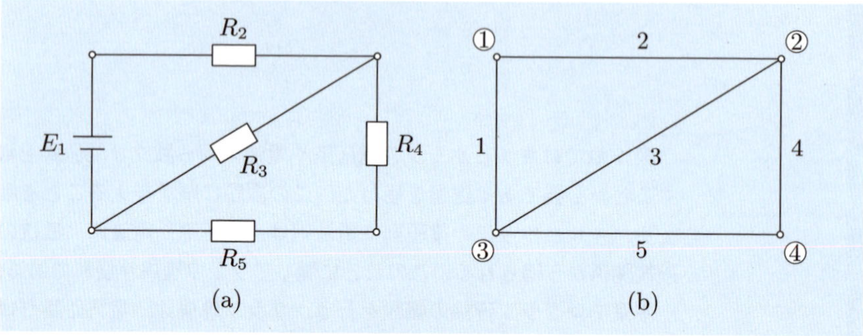

図 2.1 回路とそのグラフ

グラフ理論の歴史について少しふれる．ケーニヒスベルク (Köhnichberg) の町で，図 2.2 のように川の中の島 2 つと両岸に対して橋がかかっていた．

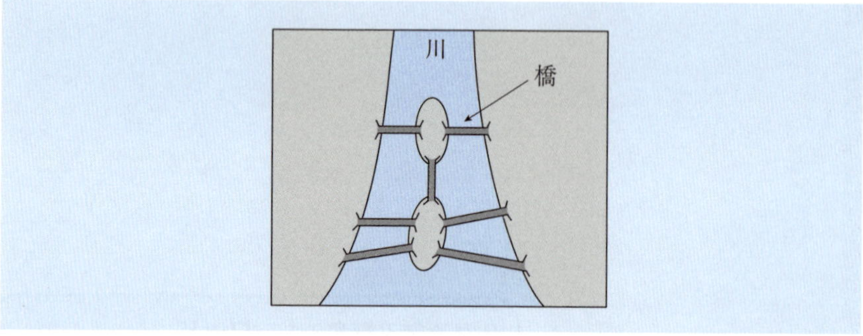

図 2.2 ケーニヒスベルクとかけられた橋

1) edge とか vortex と呼ばれる．

2) branch と呼ばれる．

問題 2.1

この橋を一度だけ通りすべての橋を通ることができるか?

という問題に対して，オイラー (Euler) が否定的な解を出したのがグラフ理論の始まりといわれている．この “橋” を枝に，両岸と島を “節点” に対応させてグラフを考える．

図 2.3 に示すように上述の問題は，結局，一筆描きの問題である．オイラーの解を説明する前に 1 つの定義を行う．

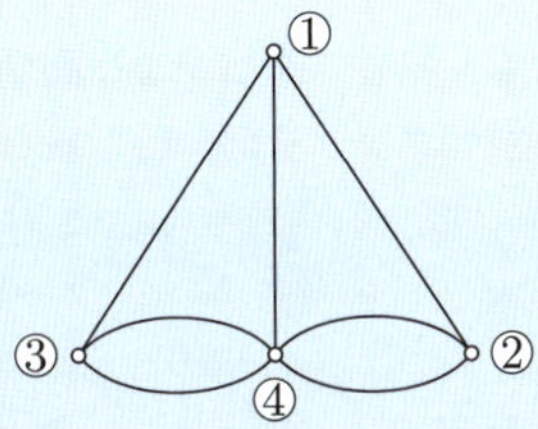

図 2.3

定義 2.1 (節点次数)

節点次数とは節点に接続される枝の数のことをいう．

例 1　図 2.3 では，節点次数は，① が 3，② が 3，③ が 3，④ が 5 である．□

一筆描きができるとすると，そのとき，ある節点 ⓐ から一筆描きを開始し，ある節点 ⓑ で終了とするとする．その途中の節点では，その節点に到達し，また，出て行くから，途中の節点次数は偶数である．

もし，ⓐ と ⓑ が同じ節点であると，ⓐ から出て ⓐ に帰ってきて終わる訳だから，節点 ⓐ の節点次数は偶数である．したがって，この場合，すべての節点の節点次数は偶数である．

ⓐ と ⓑ が異なる節点の場合は，ⓐ と ⓑ の節点次数はともに奇数である．

したがって，グラフが一筆描きできる条件は，

すべての節点次数が偶数であるか，
または，節点次数が奇数である節点が 2 つの場合

である．

したがって，問題 2.1 のグラフでは，節点次数が奇数の節点が 4 つあり，上記条件を満たしていない．よって，一筆描きはできない．

したがって，橋を 1 回だけ渡り，すべての橋を渡ることはできない．

平面グラフ

平面に枝が交差することなく描けるグラフを**平面グラフ**という．平面グラフでないグラフは，図 2.4 の 2 つのグラフを部分的に含むことが証明されている．

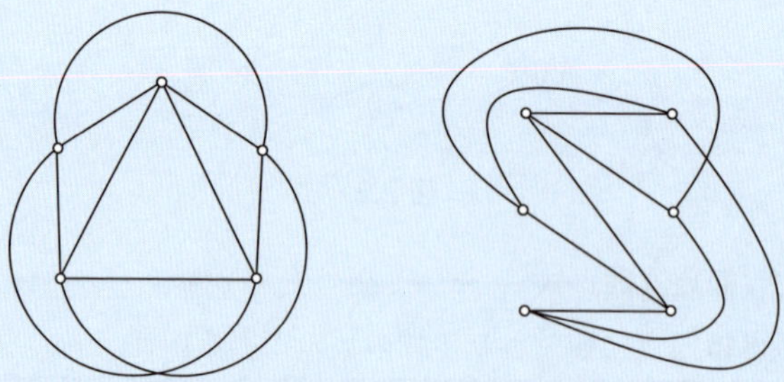

図 2.4　平面グラフでないグラフ

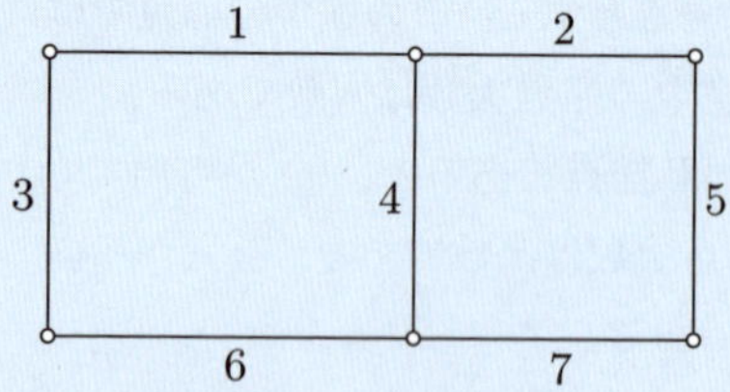

図 2.5　平面グラフ

さて，平面グラフを平面上に枝を交差することなく描くと，平面は枝を境界とする平面に分割される．図 2.5 の例では枝 $\{1,3,4,6\}$，枝 $\{2,4,5,7\}$ の平面で，この平面を表す枝集合はそれぞれ独立した閉路となっている．

2.2 グラフの木

ある節点とある節点を結ぶ最小枝集合を**パス** (路，path) という．例えば，図 2.1(b) の節点 ① から節点 ③ のパスは，枝 1，枝 2 と枝 3，枝 2 と枝 4 と枝 5 である．

任意の節点と他の任意の節点にパスがあればグラフは連結しているという[3]．

グラフの中の枝の集合を考える．その枝集合内の枝で連結させることができ，また，その枝集合が最小である枝集合を**木**といい，グラフの木枝以外の枝の集合を**補木**という．

例2　図 2.1(b) のグラフで枝集合 $\{1, 2, 3, 4\}$ でグラフは連結となるが，その部分集合 $\{1, 2, 4\}$ でも連結である．したがって，前者は木でない．後者は，その部分集合でグラフは連結とならないから木である．木となる枝集合は $\{1, 2, 5\}$ などと多くある．□

連結グラフの節点数を n_v，枝数を n_b とすると，木の枝数 n_{bt} は，

$$n_{bt} = n_v - 1$$

となり，補木枝の数は

$$n_b - n_v + 1$$

となる．

グラフの中で枝に方向がついているグラフを**有向グラフ**という．有向グラフにはその枝の方向のみに意義があるグラフ (directed graph) と便宜的に方向付けしたグラフ (oriented graph) がある．ここでの電気回路のためのグラフは oriented graph であると考える．

電気回路に関して，木を考えると木の枝の電圧が決まれば，すべての枝の電圧が決まることになる．ここで，キルヒホッフの電圧則，電流則に対応したタイセットとカットセットなるものを考える．

● タイセット

図 2.1(b) のグラフでは，例えば，枝集合 $\{1, 2, 3\}$ のように 1 つの閉路 (ループ) となる枝集合がタイセットである．ここで，1 つの木 $\{1, 2, 4\}$ を考えよう．

[3] 電気回路に対応するグラフは当然連結している．

木は閉路を持たない(もし持つとすると，閉路の1つの枝を除いた枝集合も連結であるからその枝集合は最小でない).

補木の枝1つと木からなるグラフを考える．このグラフには必ず閉路がある(説明略)．この閉路は補木の枝1つと木の枝のいくつかからなる．すべての補木に対して，上述のような閉路を考える．この閉路を基本タイセットと呼ぶ．図2.1(b)のグラフで木を$\{1,2,4\}$とすると，補木の枝3に対して$\{1,2,3\}$，5に対して$\{3,4,5\}$の基本タイセットが得られる．

基本タイセットの数は補木の枝数である．すなわち，連結グラフでは，

$$n_b - n_v + 1$$

となる．基本タイセットの各々は独立である．1つのタイセットに必ず1つの補木が対応しているからである．また，一般のタイセットは，必ず基本タイセットを用いて示すことできる．図2.1(b)で，$\{1,2,4,5\}$はタイセットである．これは，基本タイセット$\{1,2,3\}$と$\{3,4,5\}$により

$$\{1,2,4,5\} = \{1,2,3\} \oplus \{1,4,5\} \tag{2.1}$$

と表すことができる．ただし，$\oplus$は排他和(exclusive sum[4])である．

• カットセット

グラフにおいて，いくつかの枝を取り除くと，そのグラフは非連結となる．このような枝の最小集合をカットセットと呼ぶ．図2.1(b)のグラフで，例えば枝集合$\{1,2,3\}$を取り除くと，グラフは非連結となる．また，枝集合$\{1,2\}$を取り除いても非連結となる．前者は枝最小集合でない．後者は，枝1だけを取り除いても，枝2だけを取り除いてもグラフは連結である．よって，この枝集合はカットセットとなる．

木の枝のみからなるグラフは連結である．グラフのカットセットを求めるときに，木の枝ただ1つと，補木のいくつかの枝からなるカットセットを考える．図2.1(b)のグラフの木$\{1,2,4\}$に対して，$\{1,3,5\},\{2,3,5\},\{4,5\}$なる枝集合はカットセットであり，これを基本カットセットという．

基本カットセットも基本タイセットと同様に，各々独立であり，任意のカットセットは，基本カットセットで表すことができる．図2.1(b)で，$\{1,3,4\}$は

[4] $A \oplus B = A \cup B - A \cap B$

カットセットである．それは，基本カットセット $\{1,3,5\}$ と $\{4,5\}$ で

$$\{1,3,4\}=\{1,3,5\}\oplus\{4,5\} \tag{2.2}$$

と表すことができる．一般に，基本カットセットの数は，木の枝数で

$$n_v-1$$

である．

役立つグラフ理論

連結グラフの節点数を n，枝数を b とすると，木の枝数は $n-1$ であり，補木の枝数は $b-n+1$ である．したがって，独立した閉路の数は $b-n+1$ である．

凸多面体の頂点の数 P，辺 l の数，面の数 S の関係は，

$$S=l-P+2$$

と知られている．

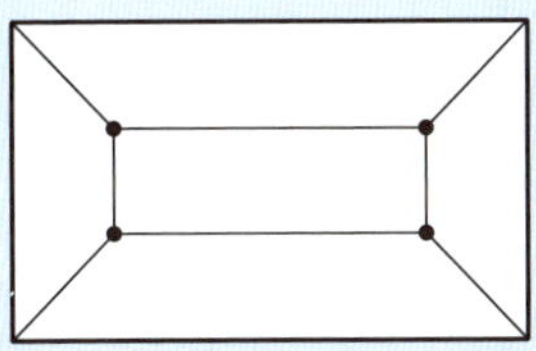

図 2.6　凸多面体の例 ($P=8,\ l=12,\ S=6$)

これをいままでの議論と照らし合わせて，図 2.6 を例に考えると，図の太囲の面がグラフの閉路として他の閉路と独立とならないため，閉路の数に入らない．したがって，$(b-n+1)+1$ の面があることとなり，凸多面体の頂点の数，辺の数，面の数の関係式を証明できたことになる．

このようにグラフ理論は電気回路のみならず，いろいろなことに役立つ基本的な理由となる．

2.3 グラフを表現する行列

グラフを表現するために行列を用いる．そのような行列は多くあるが，電気回路の解析に必要なものだけを考える．

グラフはキルヒホッフの電圧則と電流則を考えて，有向グラフ (oriented graph) を考える．

前述の図 2.1(b) の各枝に矢印で向きをつけたものを図 2.7 に示す．このときの矢印のつけ方は適当である．

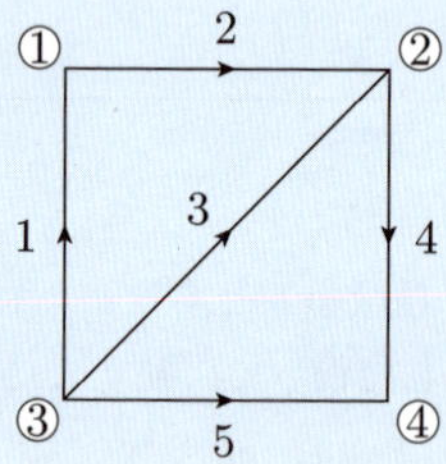

図 2.7　グラフの例

● インシデンス行列

行列の行に節点を，列に枝を対応させる．行列の i 行 j 列の要素は i 行に対応する節点に j 列に対応する枝の矢印が入る方向のとき -1，出る方向のとき 1，それ以外は 0 である．図 2.7 では表 2.1 のような行列となる．ただし，0 は省略している．

表 2.1

節点＼枝	1	2	3	4	5
1	−1	1			
2		−1	−1	1	
3	1		1		1
4				−1	−1

インシデンス行列の 1 つの行を除いたものを既約インシデンス行列という．

例えば，節点 4 に対応する行を除くと表 2.2 のようになり，これは 1 つの既約インシデンス行列である．

表 2.2

節点＼枝	1	2	3	4	5
1	-1	1			
2		-1	-1	1	
3	1		1		1

● タイセット行列，基本タイセット行列

行にタイセット，列にそのタイセットの枝を対応させた行列である．ここで，基本タイセット行列のみを考える．基本タイセットは 1 つの補木の枝といくつかの木の枝からなる．したがって，1 つの基本タイセットとして，その補木の枝を代表させる．行に補木の枝を対応させ，列にすべての枝を対応させる．見通しをよくするために，列は前に補木の枝，後に木の枝を対応させる．補木の枝の方向で閉路を考え，枝が同一方向のとき 1，逆方向のとき -1 とし，それ以外を 0 とする．図 2.7 のグラフにおいて，木 $\{1, 2, 4\}$ に対し，表 2.3 のように基本タイセット行列が求まる．ただし，0 は省略している．

表 2.3

	3	5	1	2	4
3	1		-1	-1	
5		1	-1	-1	-1

以上のような行と列に対応した枝を取ると基本タイセット行列 $\boldsymbol{B}_f$ は

$$\boldsymbol{B}_f = [\mathbf{1} \quad \boldsymbol{F}] \tag{2.3}$$

と表せる．ただし，$\mathbf{1}$ は単位行列，$\boldsymbol{F} = \begin{bmatrix} -1 & -1 & 0 \\ -1 & -1 & -1 \end{bmatrix}$ である．

● カットセット行列，基本カットセット行列

カットセットを表現するカットセット行列は，行にカットセット，列に枝を対応させ，1 つのカットセットの方向 (後述) と同方向の枝に対応する列に 1，逆方向に -1，それ以外を 0 とする行列である．ここでは，前述の基本カットセットを表現する基本カットセット行列について述べる．基本カットセットの 1 つ

は木の枝1つに対応しているから，行列の行は木の枝に対応させる．列は枝に対応させる．このとき，基本タイセットと同じ枝と列を対応させる．図 2.7 のグラフで木 $\{1,2,4\}$ に対して，表 2.4 のように基本カット行列が得られる (以下に説明)．ただし，0 は省略している．

表 2.4

枝	3	5	1	2	4
1	1	1	1		
2	1	1		1	
4		1			1

木の枝 1 によるカットセットは，節点 ③(節点 A) と節点 ①②④(節点 B) を非連結にするものである．枝 1 は A から B の方向をもっている．これを正方向とする．枝 3 も正方向，枝 5 も正方向となるので，それに対応する行列の要素は 1 となる．その他のカットセットも同様に考えると，上記のように基本カットセット行列が求まる．基本カットセット行列は $\boldsymbol{Q}_f$ と記され，

$$\boldsymbol{Q}_f = [-\boldsymbol{F}^t \quad \mathbf{1}] \tag{2.4}$$

となることが知られている．ただし，行列 $\boldsymbol{F}$ は基本タイセット行列の説明で述べた行列であり，t は転置を示す．このように基本タイセット行列か基本カットセット行列のいずれかを求めれば，他の行列が得られる．

例題 2.1

図 2.8 のグラフのインシデンス行列と既約インシデンス行列の 1 つを求めよ．

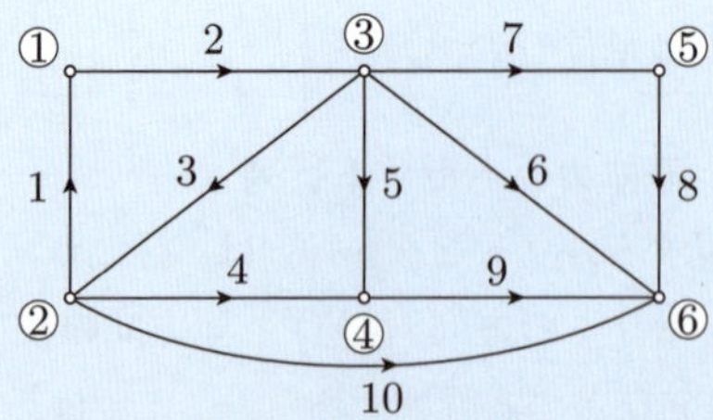

図 2.8

【解答】 表 2.5 に示す．既約インシデンス行列は任意の 1 つの行を除くと得られる (0 は省略)． ■

表 2.5　図 2.8 のグラフのインシデンス行列

節点＼枝	1	2	3	4	5	6	7	8	9	10
①	−1	1								
②	1		−1	1						1
③		−1	1		1	1	1			
④				−1	−1				1	
⑤							−1	1		
⑥						−1		−1	−1	−1

例題 2.2

図 2.8 で木を 1 つ選び，基本タイセット行列と基本カットセット行列を求めよ．

【解答】 木を $\{1, 2, 4, 6, 7\}$ を選ぶことにする．基本タイセット行列は表 2.6 となり，基本カットセット行列は表 2.7 となる．

表 2.6　図 2.8 のグラフの基本タイセット行列

	3	5	8	9	10	1	2	4	6	7
3	1					1	1			
5		1				1	1	−1		
8			1						−1	1
9				1		−1	−1	1	−1	
10					1	−1	−1		−1	

表 2.7　図 2.8 のグラフの基本カットセット行列

	3	5	8	9	10	1	2	4	6	7
1	−1	−1		1	1	1				
2	−1	−1		1	1		1			
4		1		−1				1		
6			1	1	1				1	
7			−1							1

2.4 回路方程式

回路を表現する方程式は，回路素子の電圧と電流の関係式であるオームの法則 (ここでは電圧源の電圧値，電流源の電流値も含むことにする) とキルヒホッフの電圧則と電流則から得られることはすでに述べた．このときにキルヒホッフの電圧則と電流側から独立な式を求めることが肝要であることも述べた．

もう気付かれている人も多いと思うが，基本タイセット行列からキルヒホッフの電圧則に対応する独立な式が得られるし，また，基本カットセット行列からキルヒホッフの電琉則に対応する独立な式が得られる．基本タイセット行列を $\boldsymbol{B}_f$ として，枝に対応する電圧のベクトルを $\boldsymbol{v}$ とすると，

$$\boldsymbol{B}_f \boldsymbol{v} = \boldsymbol{0} \tag{2.5}$$

であり，$\boldsymbol{B}_f$ の 1 つの行が 1 つの式に対応しており，その中にはほかの行は 0 となる補木の枝 1 つが含まれているから独立な式である (具体的には例題で確かめよう)．基本カットセット行列を $\boldsymbol{Q}_f$，枝に対応する電流ベクトルを $\boldsymbol{i}$ とすると，同様に

$$\boldsymbol{Q}_f \boldsymbol{i} = \boldsymbol{0} \tag{2.6}$$

なる独立な式が得られる．

グラフの木を選ぶとき，電圧源に対応する枝は必ず木の枝となり，電流源に対応する枝は必ず補木の枝となるようにする．このような木が選べないときは，一般的に回路の解はない (不能)．

例3　電圧源に対応する枝が木の枝に選べないときには，電圧源に対応する枝だけの閉路があることであり，一般的には解けない．簡単な例を図 2.9 に示す．□

例4　同様に電流源に対応する枝が補木の枝に選べないときは，電流源に対応する枝のみのカットセットがあることであり，一般的には解けない．簡単な例を図 2.10 に示す．□

では，回路方程式の求め方を，次の**例5**によって説明していく．まず，一般的に話を進めて，後で例題 2.3 を示すことにしよう．

例5　図 2.11(b) において木として $\{1, 2, 4\}$ を選ぶ．枝の順番は電流源対応の

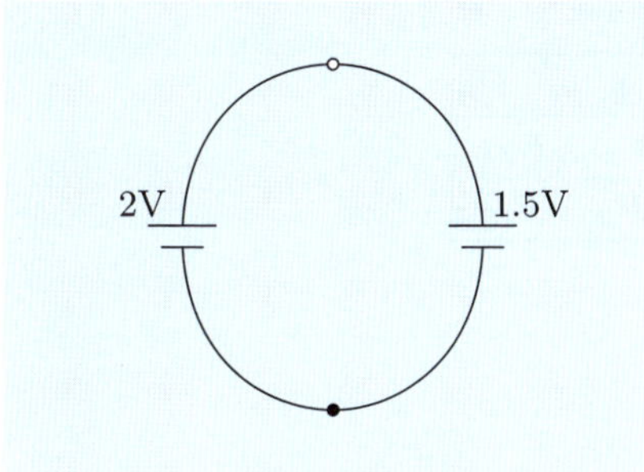

図 2.9

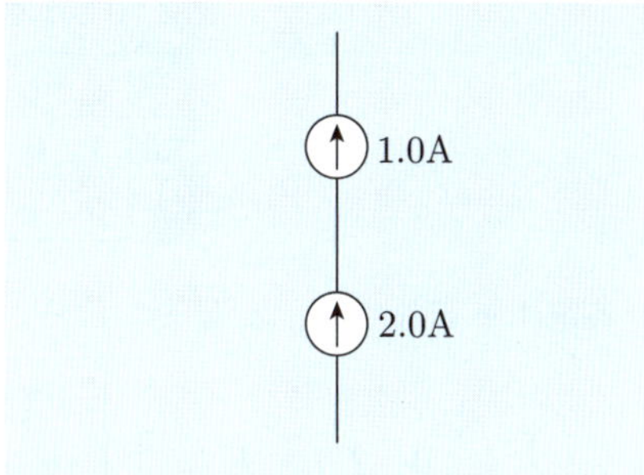

図 2.10

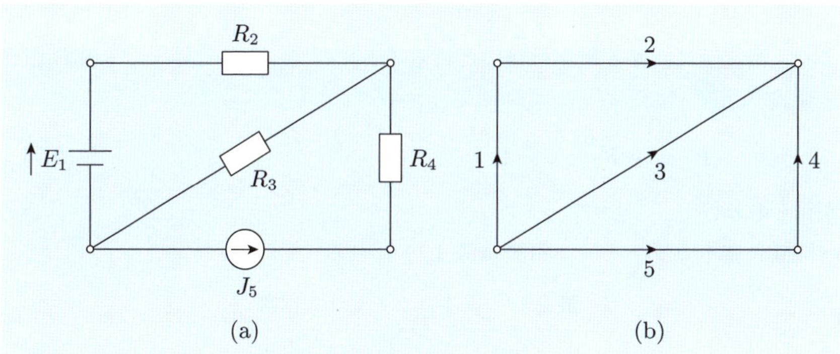

図 2.11

枝 (J)，補木の枝 (l)，木の枝 (t) と電圧源対応の枝 (E) とする．

この例では，5, 3, 4, 2, 1 となる．

基本タイセット行列，基本カットセット行列を各々表 2.8，表 2.9 に示す．

上述のように枝を分類し，それぞれ J, l, t, E と表すことにする．一般の基本タイセット行列は表 2.10 となる．

表 2.8　基本タイセット行列

	5	3	4	2	1
5	1	0	1	−1	−1
3	0	1	0	−1	−1

表 2.9　基本カットセット行列

	5	3	4	2	1
4	−1	0	1	0	0
2	1	1	0	1	0
1	1	1	0	0	1

表 2.10 基本タイセット行列

	J	l	t	E
J	$\mathbf{1}$	$\mathbf{0}$	$\boldsymbol{F}_{Jt}$	$\boldsymbol{F}_{JE}$
l	$\mathbf{0}$	$\mathbf{1}$	$\boldsymbol{F}_{lt}$	$\boldsymbol{F}_{lE}$

各電圧 $\boldsymbol{v}$ に添字 J, l, t, E をつける．

$$\begin{bmatrix} \mathbf{1} & \mathbf{0} & \boldsymbol{F}_{Jt} & \boldsymbol{F}_{JE} \\ \mathbf{0} & \mathbf{1} & \boldsymbol{F}_{lt} & \boldsymbol{F}_{lE} \end{bmatrix} \begin{bmatrix} \boldsymbol{v}_J \\ \boldsymbol{v}_l \\ \boldsymbol{v}_t \\ \boldsymbol{v}_E \end{bmatrix} = \mathbf{0}$$

より，電流源にかかる電圧は後ほど得ることにして，キルヒホッフの電圧則に示す式

$$\boldsymbol{v}_l + \boldsymbol{F}_{lt}\boldsymbol{v}_t + \boldsymbol{F}_{lE}\boldsymbol{v}_E = \mathbf{0} \tag{2.7}$$

が得られる．

同様に基本カットセット行列は表 2.11 となる．

表 2.11 基本カットセット行列

	J	l	t	E
t	$-\boldsymbol{F}_{Jt}^t$	$-\boldsymbol{F}_{lt}^t$	$\mathbf{1}$	$\mathbf{0}$
E	$-\boldsymbol{F}_{JE}^t$	$-\boldsymbol{F}_{lE}^t$	$\mathbf{0}$	$\mathbf{1}$

電圧源に流れる電流を除くと，キルヒホッフの電流則を対式として

$$-\boldsymbol{F}_{Jt}^t\boldsymbol{i}_J - \boldsymbol{F}_{lt}^t\boldsymbol{i}_l + \boldsymbol{i}_t = \mathbf{0} \tag{2.8}$$

が得られる．これと抵抗の電圧・電流の関係を含めて

$$\begin{bmatrix} \mathbf{1} & \boldsymbol{F}_{lt} & \mathbf{0} & \mathbf{0} \\ \mathbf{0} & \mathbf{0} & -\boldsymbol{F}_{lt}^t & \mathbf{1} \\ -\mathbf{1} & \mathbf{0} & \boldsymbol{R}_l & \mathbf{0} \\ \mathbf{0} & \boldsymbol{G}_t & \mathbf{0} & -\mathbf{1} \end{bmatrix} \begin{bmatrix} \boldsymbol{v}_l \\ \boldsymbol{v}_t \\ \boldsymbol{i}_l \\ \boldsymbol{i}_t \end{bmatrix} = \begin{bmatrix} -\boldsymbol{F}_{lE}\boldsymbol{v}_E \\ \boldsymbol{F}_{Jt}^t\boldsymbol{i}_J \\ \mathbf{0} \\ \mathbf{0} \end{bmatrix} \tag{2.9}$$

なる回路方程式を得る． □

回路の素子の数を b，木の枝の数を t，補木の枝の数を l とすると，回路の素子

の未知数は，各々電圧電流で $2b$ であり，オームの法則から b 個の式，キルヒホッフの電圧則から，l 個の式，電流則から t 個の式が得られ，計 $b+l+t=2b$ $(l+t=b)$ の式が得られ，解が存在することとなる．

例題 2.3

図 2.11 について，回路方程式を求めよ．

【解答】 図 2.11(a) の回路例に対してグラフ (b) を作る．木の枝の方向は電圧源と電流源に対して電流が正の方向，抵抗に対しては任意の方向としておく (電圧源と電流源も任意方向でよいが，間違いを少なくするために上述のように方向をとる)．

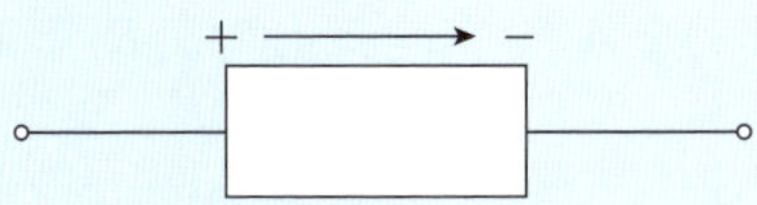

図 2.12

電流と電圧の関係は図 2.12 のように考える．したがって，電圧源の電圧は − 符号をとることにする．例題の回路では，

$$\begin{bmatrix} 1 & 0 & -1 & 0 & 0 & 0 \\ 0 & 0 & 0 & 0 & 1 & 0 \\ 0 & 0 & 0 & 1 & 0 & 1 \\ -1 & 0 & 0 & R_3 & 0 & 0 \\ 0 & G_4 & 0 & 0 & -1 & 0 \\ 0 & 0 & G_2 & 0 & 0 & -1 \end{bmatrix} \begin{bmatrix} v_3 \\ v_4 \\ v_2 \\ i_3 \\ i_4 \\ i_2 \end{bmatrix} = \begin{bmatrix} -(-1)E_1 \\ (-1)J_5 \\ (-1)J_5 \\ 0 \\ 0 \\ 0 \end{bmatrix} \tag{2.10}$$

$$\text{ただし}, G_4 = \frac{1}{R_4}, \quad G_2 = \frac{1}{R_2}$$

が得られる．この方程式は，変数が多いこと，また，係数行列に 0 を多く含むことから，実際に回路を解くことには適していない (回路を解くための方程式算出に関しては，次の参考で述べる．また，次章では手で容易に解けるような回路の諸定理について述べる)． ■

以上，回路方程式は一般的な線形方程式

$$\boldsymbol{A}\boldsymbol{x} = \boldsymbol{b} \tag{2.11}$$

の形で $\boldsymbol{b}$ は電源の電流と電圧となる．

参考 **(1)　節点解析**

抵抗と電流源からなる回路を考える．

本章で示したインシデンス行列の各行は行に対する節点と他の節点を非連結にする．すなわち，カットセットである．各列は，対応する枝の節点との関係を示している．インシデンス行列は，その階数[5] が節点数 -1 である[6]．そこで，既約インシデンス行列を考えることで，その階数 (rank[6]) と行列の行数が一致する．

既約インシデンス行列を $\boldsymbol{A}$ とする．抵抗の枝 (R) と電流源の枝 (J) に対応して，

$$\boldsymbol{A} = \begin{bmatrix} \boldsymbol{A}_R & \boldsymbol{A}_J \end{bmatrix} \tag{2.12}$$

とする．枝の電流も抵抗と電流源に分けて，

$$\begin{bmatrix} \boldsymbol{i}_R & \boldsymbol{i}_J \end{bmatrix} \tag{2.13}$$

とする．$\boldsymbol{A}$ の行がカットセットであることから，

$$\begin{bmatrix} \boldsymbol{A}_R & \boldsymbol{A}_J \end{bmatrix} \begin{bmatrix} \boldsymbol{i}_R^t \\ \boldsymbol{i}_J^t \end{bmatrix} = 0 \tag{2.14}$$

各節点のインシデンス行列から既約インシデンス行列を求めるときに除いた節点からの電圧を $\boldsymbol{v}_v$ とする[7]．各枝の電圧を $\boldsymbol{v}_b$ とすると，

$$\boldsymbol{A}^t \boldsymbol{v}_v = \boldsymbol{v}_b \tag{2.15}$$

このうち，抵抗の枝だけを考えると，$\boldsymbol{A}_R^t \boldsymbol{v}_v^t = \boldsymbol{v}_R^t$

抵抗の電圧と電流の関係は

---

5) 行列 $\boldsymbol{A}$ の階数とは，$n \times n$ の部分行列の行列式が 0 とならない最大の n を r としたとき，この行列の階数は r であるという．

6) グラフは連結グラフを考えている．

7) インシデンス行列から 1 つの節点に対応する行を除いたことはその節点が基準 (アース・コモン) であることを意味する．

$$\boldsymbol{G}\boldsymbol{v}_R^t = \boldsymbol{i}_R^t \tag{2.16}$$

したがって

$$\boldsymbol{A}_R\boldsymbol{G}\boldsymbol{A}_R^t\boldsymbol{v}_v^t = -\boldsymbol{A}_J\boldsymbol{i}_J^t \tag{2.17}$$

なる方程式が得られる．変数は 節点数 -1 であり，係数行列も対称行列であるため，数値計算は容易である．

ただし，回路に電圧源を含むときは，直接には式が得られないが，3 章で述べる，電圧源を含む回路を等価な電流源を含む回路で置き換えることで，方程式が得られる．□

例6　図 2.13 の回路に対するグラフを図 2.14 に示す．

このインシデンス行列は表 2.12 となる．ただし，0 を省略している．

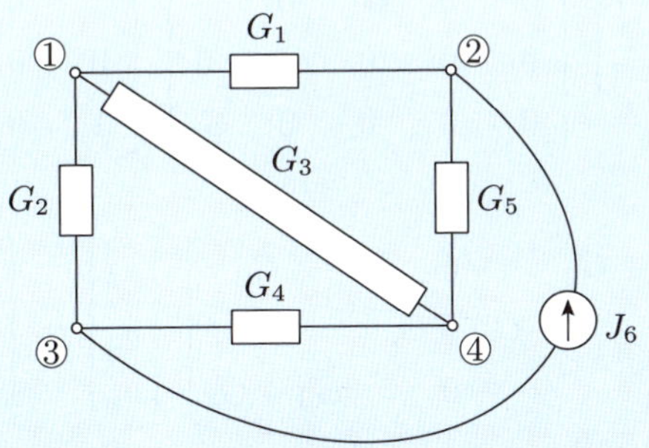

図 2.13

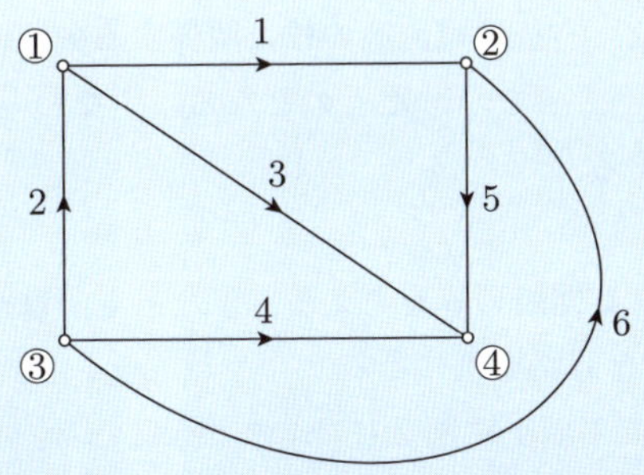

図 2.14

表 2.12

	1	2	3	4	5	6
①	1	−1	1			
②	−1				1	−1
③		1		1		
④			−1	−1	−1	−1

既約インシデンス行列として，節点 ④ に対応した行を除いて得られるものとする．

節点 ①,②,③ の節点 ④ に対する電圧をそれぞれ $v_{①},v_{②},v_{③}$ とすると，

$$\begin{bmatrix} 1 & -1 & 1 & 0 & 0 \\ -1 & 0 & 0 & 0 & 1 \\ 0 & 1 & 0 & 1 & 0 \end{bmatrix} \begin{bmatrix} G_1 & 0 & 0 & 0 & 0 \\ 0 & G_2 & 0 & 0 & 0 \\ 0 & 0 & G_3 & 0 & 0 \\ 0 & 0 & 0 & G_4 & 0 \\ 0 & 0 & 0 & 0 & G_5 \end{bmatrix} \begin{bmatrix} 1 & -1 & 0 \\ -1 & 0 & 1 \\ 1 & 0 & 0 \\ 0 & 0 & 1 \\ 1 & 0 & 0 \end{bmatrix} \begin{bmatrix} v_{①} \\ v_{②} \\ v_{③} \end{bmatrix} = \begin{bmatrix} 0 \\ J_6 \\ -J_6 \end{bmatrix}$$

より，

$$\begin{bmatrix} G_1+G_2+G_3 & -G_1 & -G_2 \\ -G_1 & G_1+G_5 & 0 \\ -G_2 & 0 & G_2+G_4 \end{bmatrix} \begin{bmatrix} v_{①} \\ v_{②} \\ v_{③} \end{bmatrix} = \begin{bmatrix} 0 \\ J_6 \\ 0 \end{bmatrix} \qquad (2.18)$$

なる**節点方程式**が得られる．係数行列の i 行 j 列 $(i \neq j)$ は対応する節点の枝のコンダクタンス値に負号をつけたもの，i 行 i 列は対応する節点のコンダクタンスの和となる．節点 ② と節点 ③ の共通の枝がないので，2 行 3 列，3 行 2 列は 0 となる．また，右辺は電流源の枝に関係する矢印の向きの節点に +，矢印が出る方向の節点に − をつけたものとなる．すなわち，回路を見ただけで，方程式が簡単に求まる． □

(2) 網目解析

平面グラフで表せる回路のみを考える．また，電源は電圧源のみとする．図 2.15(a) に示すような回路を例にとる．

網目 (閉路) として平面上に図 2.15(b) のようにとる．このとき，網目方向を同一にする (例えば，時計回り)．網目行列と行を閉路に，列を枝に対応させて作る．この例では．網目①は枝 1,3,4 でできている．各網目に方向も考える．網

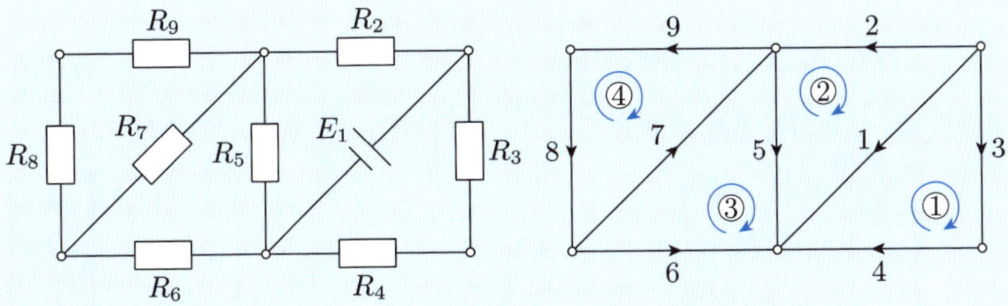

(a) 回路　(b) 対応するグラフ

図 2.15

表 2.13　網目行列

	1	2	3	4	5	6	7	8	9
①	−1		1	1					
②	1	−1			−1				
③					1	−1	1		
④							−1	−1	−1

目行列は，表 2.13 のようになる (ただし，0 を省略してある)．網目行列の行数は，タイセット行列の行数，すなわち補木の数 $(n_b - n_v + 1)$ となる．この例では $9 - 6 + 1 = 4$ である．

網目行列を $\boldsymbol{M}$ とし，電圧源に対応する列とそれ以外に分けて，$\boldsymbol{M} = [\boldsymbol{M}_e \quad \boldsymbol{M}_b]$ とする．各枝の電圧を $[\boldsymbol{V}_e \quad \boldsymbol{V}_t]^t$ とすると，

$$\begin{bmatrix}\boldsymbol{M}_e & \boldsymbol{M}_b\end{bmatrix}\begin{bmatrix}\boldsymbol{V}_e \\ \boldsymbol{V}_t\end{bmatrix} = 0, \quad \boldsymbol{M}_b\boldsymbol{V}_t = -\boldsymbol{M}_e\boldsymbol{V}_e \tag{2.19}$$

となる．各枝の電圧と電流の関係式

$$\boldsymbol{V}_e = \boldsymbol{e} \tag{2.20}$$

$$\boldsymbol{V}_t = \boldsymbol{R}_t\boldsymbol{i}_t \tag{2.21}$$

とする．網目電流を $\boldsymbol{i}_M$ とすると

$$\boldsymbol{i}_t = \boldsymbol{M}_b^t\boldsymbol{i}_M \tag{2.22}$$

となる．この例で枝 5 の電流は網目 ① の電流と網目 ③ の電流の和である．こ

れを上式が示している．したがって，

$$\boldsymbol{M}_b\boldsymbol{R}_t\boldsymbol{M}_b^t\boldsymbol{i}_M = -\boldsymbol{M}_e\boldsymbol{V}_e \tag{2.23}$$

が得られ，$\boldsymbol{M}_b\ \boldsymbol{R}_t\ \boldsymbol{M}_b^t$ が正則であり，網目電流ができる．この例では

$$\begin{bmatrix} R_3+R_4 & 0 & 0 & 0 \\ 0 & R_2+R_5 & -R_5 & 0 \\ 0 & -R_5 & R_5+R_6+R_7 & -R_7 \\ 0 & 0 & -R_7 & R_7+R_8+\mathrm{R}_9 \end{bmatrix} \begin{bmatrix} I_{①} \\ I_{②} \\ I_{③} \\ I_{④} \end{bmatrix} = \begin{bmatrix} E_1 \\ -E_1 \\ 0 \\ 0 \end{bmatrix} \tag{2.24}$$

なる**網目方程式**が得られる．以上は式から導いたが，図から係数行列の対角項はその網目の抵抗の和，i 行 j 列 $(i \neq j)$ は網目 i と網目 j に共通して表れる抵抗の和に負号をつけたものとして，この方程式を求めることができる．

上述の電源の i 行は，網目 i に電源がない場合 0，電源 E_k の電流方向と一致したとき $+E_k$，逆のとき $-E_k$ とする．　□

2 章の問題

□ **1**　図 2.16 に示すグラフに関して次の問に答えよ．

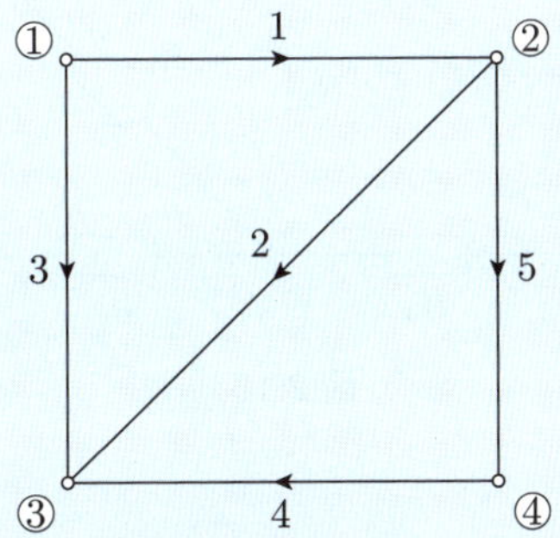

図 2.16

(1)　インシデンス行列を作れ．

(2)　枝の番号順に検索し，木を求めよ．

(3)　(2) で求めた木に対応するタイセット行列，カットセット行列を求めよ．

(4)　既約インシデンス行列 $\boldsymbol{A}$ を求め，$|\boldsymbol{A}\boldsymbol{A}^t|$ の値を求めよ．これは木の総数を与える．すべての木を求めよ．

□ **2**　図 2.17 の回路の節点方程式を求めよ．

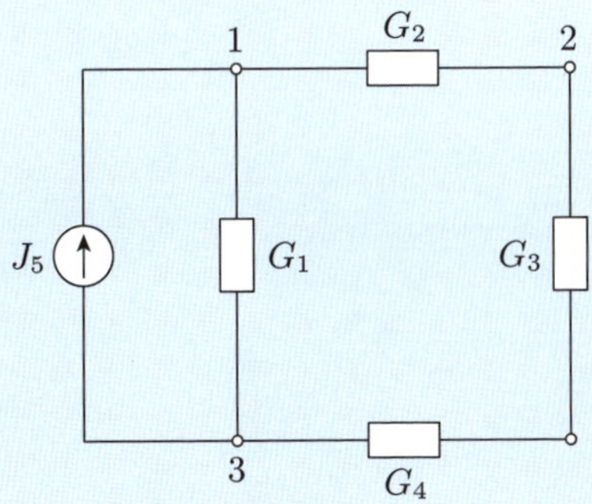

図 2.17

□ **3**　図 2.18 の回路の網目方程式を求めよ．

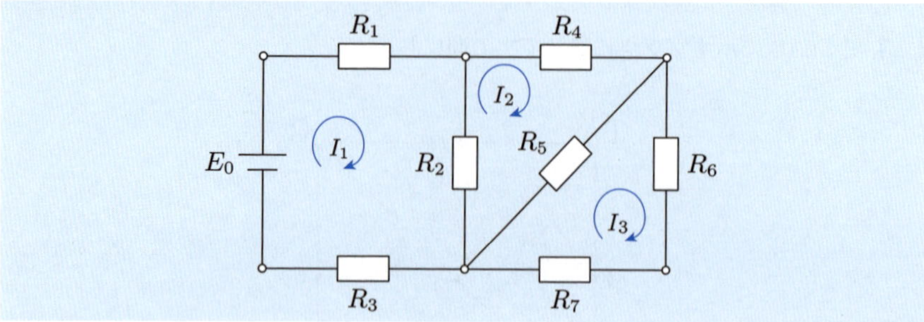

図 2.18

3 直流回路の諸定理

第 2 章で述べたように，与えられた直流回路に対して，組織的に回路方程式が導かれ，それは一般的に $\boldsymbol{A}\boldsymbol{x} = \boldsymbol{b}$ なる線形方程式となる．この解は $\boldsymbol{x} = \boldsymbol{A}^{-1}\boldsymbol{b}$ と形式的に書け，行列 $\boldsymbol{A}$ の逆行列を求めればよい．

一方，第 1 章で述べたように，手で回路を解くことも重要である (電卓があるからといって暗算が不必要とはいえないのと同じである)．これは回路を与えられたとき，直観的なその動作を把握する必要があるからである．そこで先輩たちが残した回路の諸定理を述べることにする．

3 章で学ぶ概念・キーワード

- 重ね合わせの理
- テブナンの定理
- ノートンの定理
- 補償の定理
- ブリッジ回路
- 最大電力

3.1 重ね合わせの理

重ね合わせの理

多くの電源を持つ回路において，その回路の電圧電流はその電源のいくつかを除いた回路の電圧電流と，上述の除かなかった電源を除いた回路の電圧電流の和となる．このとき，電源を除くとは，電圧源は短絡除去，電流源は解放除去することを意味する．

以上が重ね合わせの理である．

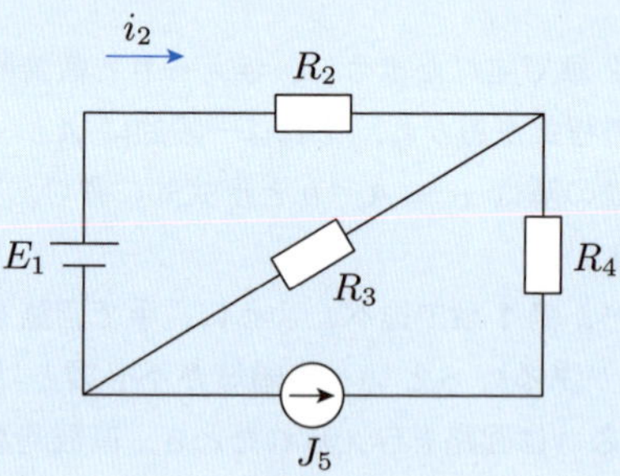

図 3.1

例1　図 3.1 に示す回路を例として説明すると，

- (a) E_1 を短絡除去した回路
- (b) J_1 を開放除去した回路

を別々に解く．

例えば，R_2 に流れる電流は図 3.2(a) の回路から

$$R_2 i_2^1 = R_3 i_3^1, \quad i_2^1 + i_3^1 = J_5 \tag{3.1}$$

より

$$i_2^1 = \frac{R_3}{R_2 + R_3} J_5 \quad (\text{向きに注意}) \tag{3.2}$$

図 3.2(b) の回路から

$$i_2^2 = \frac{E_1}{R_2 + R_3} \tag{3.3}$$

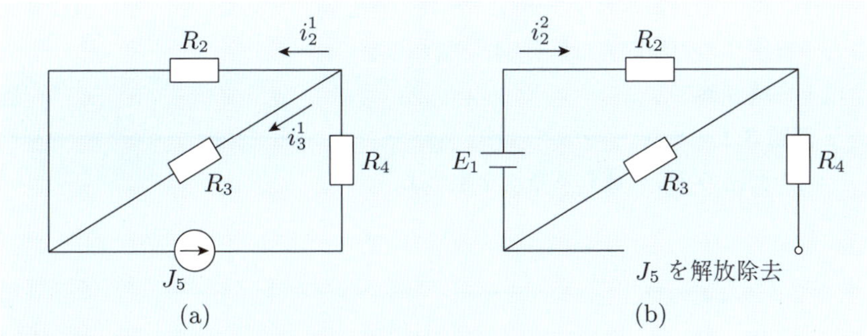

図 3.2 重ね合わせの理，その説明図

したがって，

$$i_2 = i_2^2 - i_2^1 = \frac{E_1 - R_3 J_5}{R_2 + R_3} \tag{3.4}$$

となる．R_4 は何も関係しない． □

【重ね合わせの理の証明】

回路方程式は，$\boldsymbol{Ax} = \boldsymbol{b}$ となり，$\boldsymbol{b}$ は電圧源の電圧，電流源の電圧からなるベクトルである．$\boldsymbol{b} = \boldsymbol{b}_1 + \boldsymbol{b}_2$ とすると，解は $\boldsymbol{x} = \boldsymbol{A}^{-1}(\boldsymbol{b}_1 + \boldsymbol{b}_2)$ となる．このとき，例えば，$\boldsymbol{b}_1$ は電圧源のみ，$\boldsymbol{b}_2$ は電流源のみとする．$\boldsymbol{A}^{-1}$ を得るために電圧源の電圧を 0 とおくことになる．このとき，行列 $\boldsymbol{A}$ の中身は電圧源を短絡除去しても変わらないかを調べるとよい (電流源の電流を 0 とする場合も同様).

(i) 行列 $\boldsymbol{A}$ の中身は抵抗の電圧・電流の関係式

(ii) キルヒホッフの電圧則

(iii) キルヒホッフの電流則

(i) は電源に関係がなく，回路中の電圧源を短絡除去，電流源を開放除去しても行列 $\boldsymbol{A}$ の対応する要素は変わらない．

(ii) のキルヒホッフの電圧則に関しては，基本タイセット行列 $\boldsymbol{B}_f$ を用いているから，電圧源は対応する枝は木にとり，電流源に対応する枝は補木にとる．電圧源は行列 $\boldsymbol{B}_f$ の列に対応し，その行は $\boldsymbol{Ax} = \boldsymbol{b}$ の右辺である．行列 $\boldsymbol{A}$ に関係しない．電流源に対応するのは $\boldsymbol{B}_f$ の行に対応するが，その行はもともと $\boldsymbol{A}$ に属している．

(iii) に関して，基本カットセット行列の行と列の対応を (ii) と同様に考えると，電圧源の短絡除去は行列 $\boldsymbol{A}$ に関わらない．

以上で略証終了 ■

例題 3.1

次の回路の R_0 に流れる電流を求めよ．

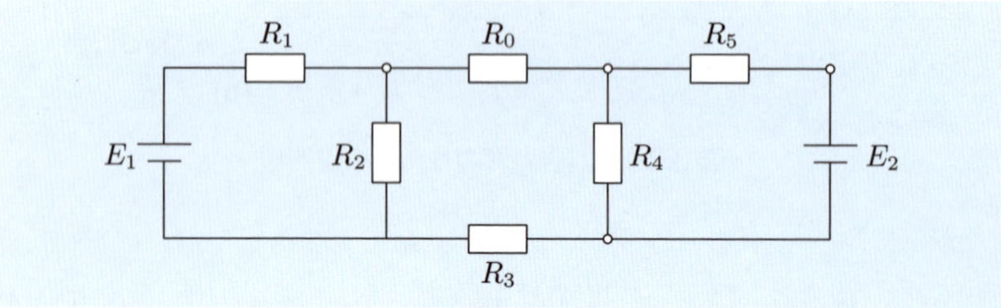

図 3.3

【解答】 重ね合わせの理を用い，下図の 2 つの回路で計算をする．

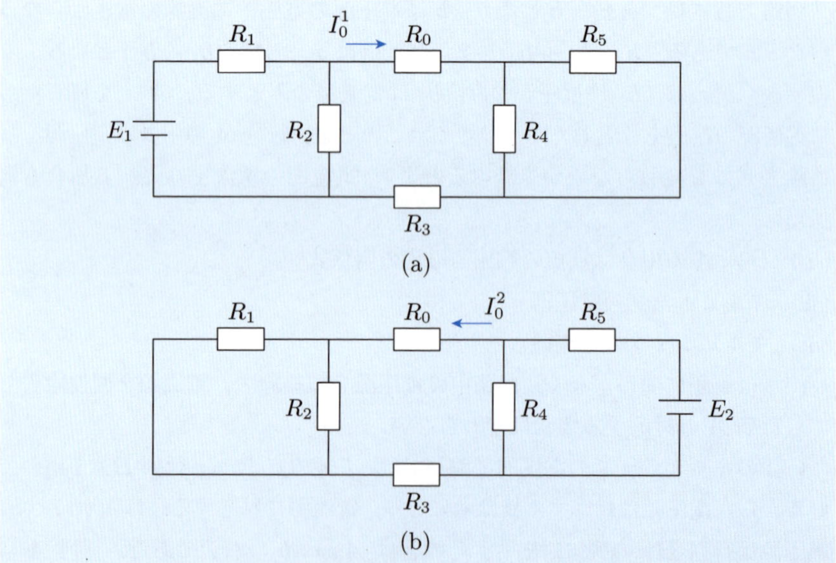

図 3.4

図 3.4(a) より，$R = \dfrac{R_4R_5}{R_4+R_5} + R_3 + R_0$ とおいて R_0 に流れる電流 I_0^1 は，

$$
\begin{aligned}
I_0^1 &= \frac{E_1}{R_1 + \dfrac{R_2R}{R_2+R}} \cdot \frac{R_2}{R_2+R} \\
&= \frac{R_2E_1}{R_1(R_2+R)+R_2R} \\
&= \frac{R_2E_1}{R_1R_2 + \left(R_0 + \dfrac{R_4R_5}{R_4+R_5} + R_3\right)(R_1+R_2)} \\
&= \frac{(R_4+R_5)R_2E_1}{R_1R_2(R_4+R_5) + \{R_4R_5 + (R_0+R_3)(R_4+R_5)\}(R_1+R_2)}
\end{aligned}
$$

となる．

図 3.4(b) より，R_0 に流れる電流 I_0^2 は

$$
I_0^2 = \frac{(R_1+R_2)R_4E_2}{R_4R_5(R_1+R_2) + \{(R_0+R_3)(R_1+R_2)+R_1R_2\}(R_4+R_5)}
$$

となる．求める電流 I_0 は

$$
I_0 = I_0^1 - I_0^2
$$

■

3.2 テブナンの定理とノートンの定理

電源を含む回路 N^* の開放端子の電圧が V_0 で，ここの端子に抵抗 R を接続したとき，抵抗 R に流れる電流を求めることを考える (図 3.5 参照).

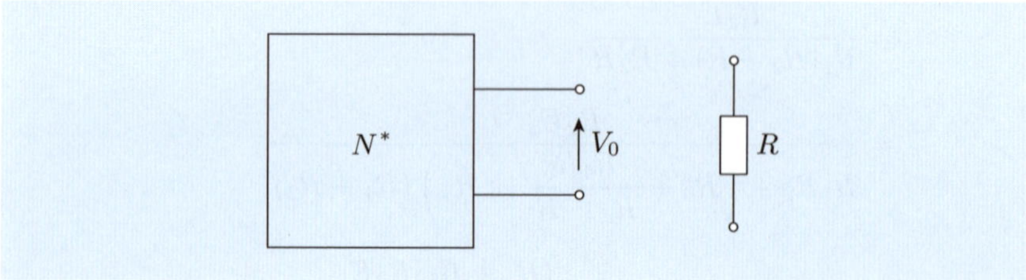

図 3.5

結論を先に述べると，N^* の電圧源を短絡除去，電流源を開放除去した回路 N の端子から見た抵抗を R_0 とすると，R に流れる電流 I は次のようになる.

テブナンの定理

$$I = \frac{V_0}{R_0 + R} \tag{3.5}$$

これがテブナンの定理である.

[証明] N^* の端子に V_0 の電圧源を逆直列に接続した後，抵抗 R を接続する (図 3.6).

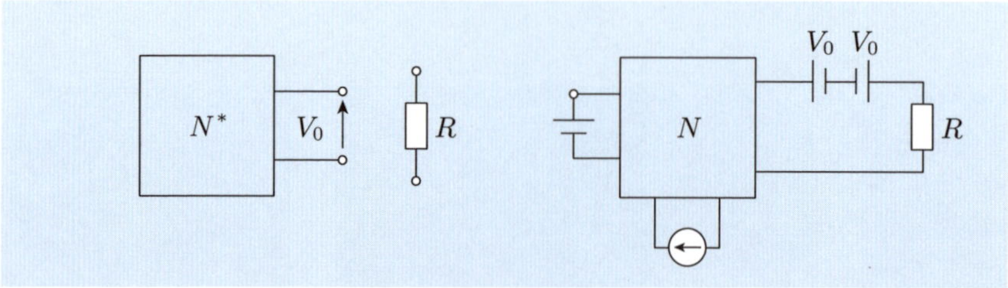

図 3.6 R を接続した図

この回路は，直接端子に抵抗 R を接続した回路と同じ電流が，抵抗 R に流れる．この回路を重ね合わせの理を利用して解く．

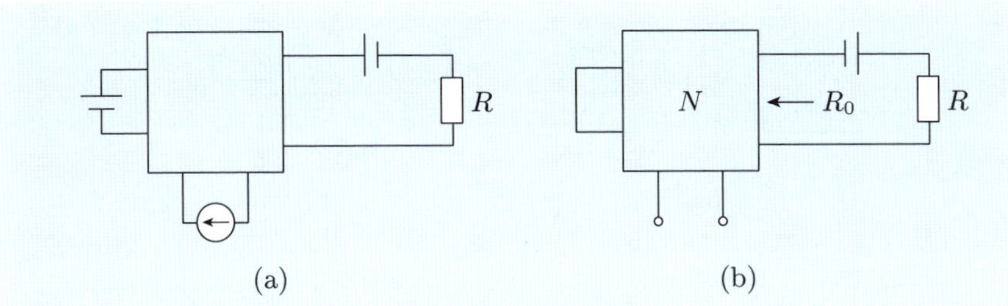

図 3.7

まず，もとの回路の電源と V_0 と逆方向に接続した電圧源からなる回路 (図 3.7(a)) と，それを除いた回路 (図 3.7(b)) を考える．

図 (a) の回路は抵抗 R にかかる電圧が 0 であるから (もともと V_0 があり，それと反対の電圧源 V_0 があるので)，抵抗 R には電流が流れない．

図 (b) の回路は電圧源 V_0 と上述で定義した抵抗 R_0 と R の直列回路であり，抵抗 R に流れる電流は $\dfrac{V_0}{R_0+R}$ となる．重ね合わせの理から，抵抗 R に流れる電流は上述のものとなる．■

ノートンの定理

電源を含む回路 N^* において端子 a, a′ が短絡され，その電流は J_0 である．その短絡された端子にコンダクタンス G を挿入したときにコンダクタンス G にかかる電圧は，回路 N^* から電圧源を短絡除去し，電流源を開放除去した回路 N の端子 a, a′ から見たコンダクタンスを G_0 とすると，

$$V = \frac{J_0}{G+G_0}$$

で与えられる．

言葉で書くとややこしい．証明をしながら考えていく．なお，ノートンの定理はテブナンの定理の双対定理である (電圧 ⇔ 電流，短絡 ⇔ 開放，抵抗 ⇔ コンダクタンス を対比して読みかえてみるとよい)．

[証明]　テブナン定理の双対定理であるから，双対の証明となる．

図 3.8 の (a) はノートンの定理の最初の状態を示す．(b) は回路 N^* から電源

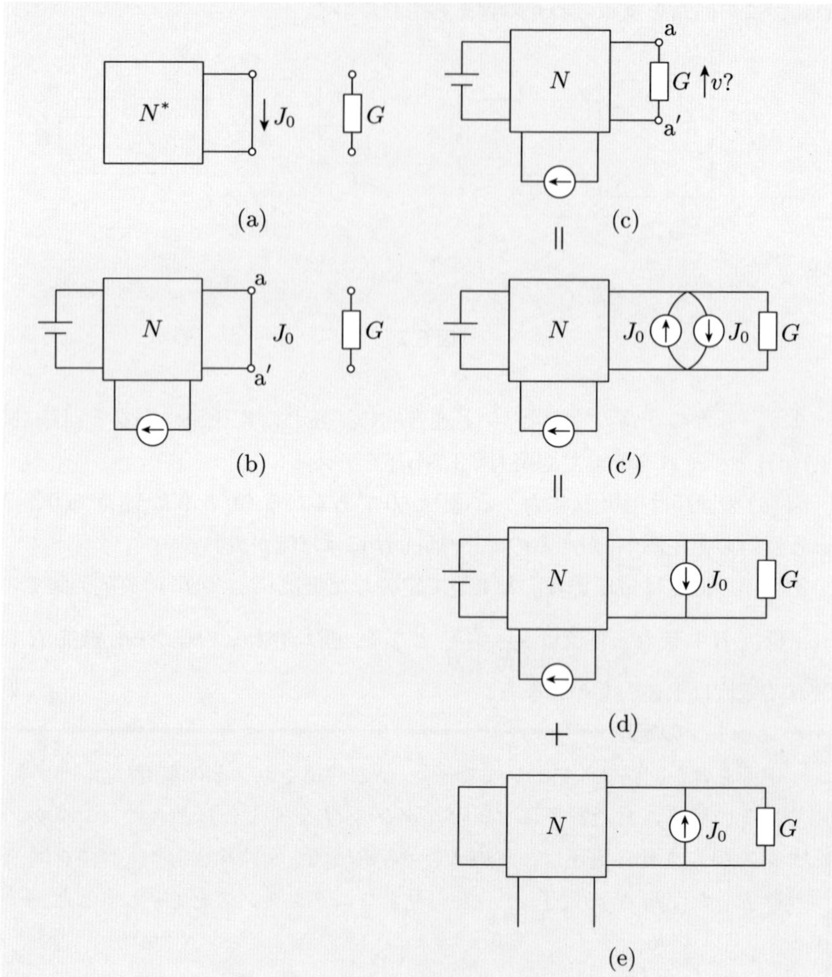

図 3.8　ノートンの等価回路の証明の図

を模式的に外に出し，電源を含まない回路 N を定義している．同図 (c) がノートンの定理のための図である．これに電流源 J_0 を逆並列に加えたのが (c′) であり，回路の電圧電流は (c) と同じである．この (c′) を重ね合わせの理を用いて，同図 (d) と (e) に分ける．(d) は (b) と同じになるので，G が接続されていないのと等価である．すなわち (b) と同じ (e) が接続されたものとなるから，

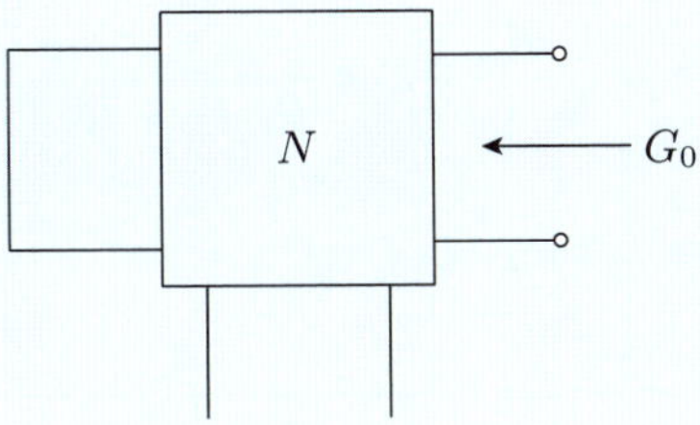

図 3.9

$$V = \frac{J}{G + G_0} \tag{3.6}$$

となる (図 3.9．ただし，G_0 は図 3.9 に示すコンダクタンスである． ■

テブナンの定理は回路端子の特性を電圧源と直列抵抗で表すことができることを意味している．同様にノートンの定理が電流源を並列抵抗で表すことができることを意味している．

このことより，端子を電圧源と直列抵抗で表すことをテブナン等価回路，電流源と並列抵抗で表すことをノートン等価回路という．

例題 3.2

図 3.10 の回路のテブナン等価回路，ノートン等価回路を求めよ．

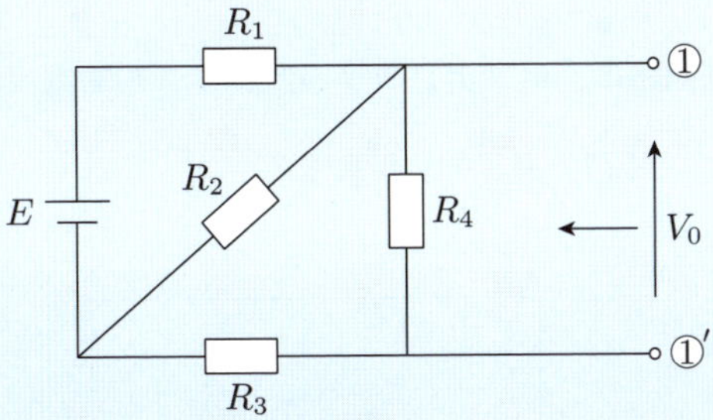

図 3.10

【解答】 $R = \dfrac{R_2(R_3 + R_4)}{R_2 + R_3 + R_4}$

とする．R_2 にかかる電圧を V_2 とすると $V_0 = \dfrac{R_4}{R_3 + R_4} V_2$, $V_2 = \dfrac{R}{R + R_1} E$ より，

$$V_0 = \frac{\dfrac{R_2(R_3+R_4)}{R_2+R_3+R_4}}{\dfrac{R_2(R_3+R_4)}{R_2+R_3+R_4}+R_1}\frac{R_4}{R_3+R_4}E = \frac{R_2R_4}{R_1(R_2+R_3+R_4)+R_2(R_3+R_4)}E$$

①, ①′ から見た抵抗 R_0 は E を短絡除去し

$$R_0 = \frac{1}{\dfrac{1}{\dfrac{R_1R_2}{R_1+R_2}+R_3}+\dfrac{1}{R_4}} = \frac{1}{\dfrac{R_1+R_2}{R_1R_2+R_3(R_1+R_2)}+\dfrac{1}{R_4}}$$

$$= \frac{R_4\{R_1R_2+R_3(R_1+R_2)\}}{R_1R_2+(R_3+R_4)(R_1+R_2)}$$ となる．

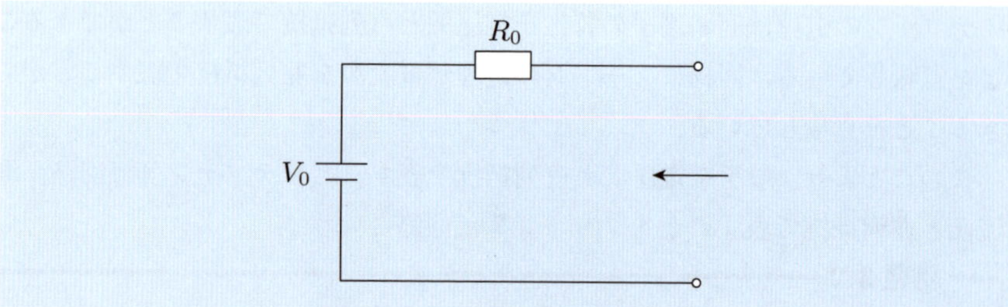

図 3.11　テブナンの等価回路

ノートンの等価回路は，テブナンの等価回路より短絡電流は $\dfrac{V_0}{R_0} = J_0$．また求めるコンダクタンス $G_0 = \dfrac{1}{R_0}$ より求まる． ■

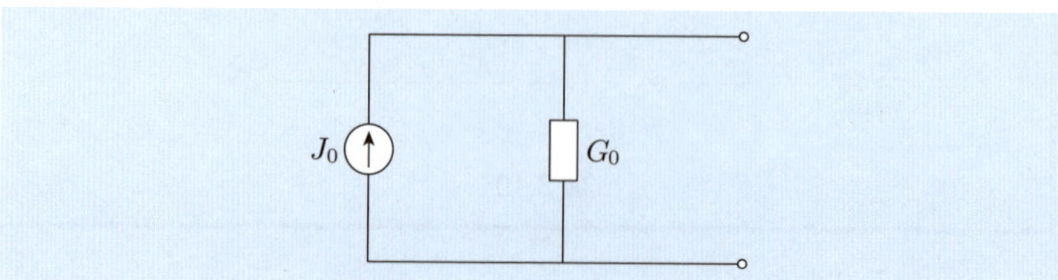

図 3.12　ノートンの等価回路

3.3　補償の定理

テブナンとノートンの定理はある回路に抵抗を挿入したときの，その抵抗にかかる電圧や電流を求めることを述べている．抵抗を挿入したときにもとの回路の電圧・電流が変化する．その変化分を求めるのが補償の定理である．この補償の定理に双対定理がある．

補償の定理

電流 J_0 が流れているところに抵抗 R を挿入する．そのときの回路の電圧，電流の変化分は，回路の電圧源を短絡除去，電流源を開放除去した回路に抵抗 R に直列に電圧源 RJ_0 を逆向きに接続した回路の電圧・電流となる．

また，ややこしい言いまわしである．証明しながら説明する．

［証明］　図 3.13(a) は，もとの回路に流れている電流 J_0 と，そこに挿入する抵抗 R を示している．この左側の回路の電圧・電流が，図 3.13(b) に示す回路となったときの回路 N の電圧と電流の変化分を求めることが，補償の定理の目的である．

図 (c) は図 (b) に電圧源 RJ_0 を逆直列に接続したものであり，回路の電流・電圧は図 (b) の回路 N の電圧電流と同じである．図 (c) の回路を重ね合わせの理を用いて，2 つの回路で表したものが図 (d) である．図 (d) の上の回路はもとの回路と同じであるので，下の回路が変化分を与えることとなる．■

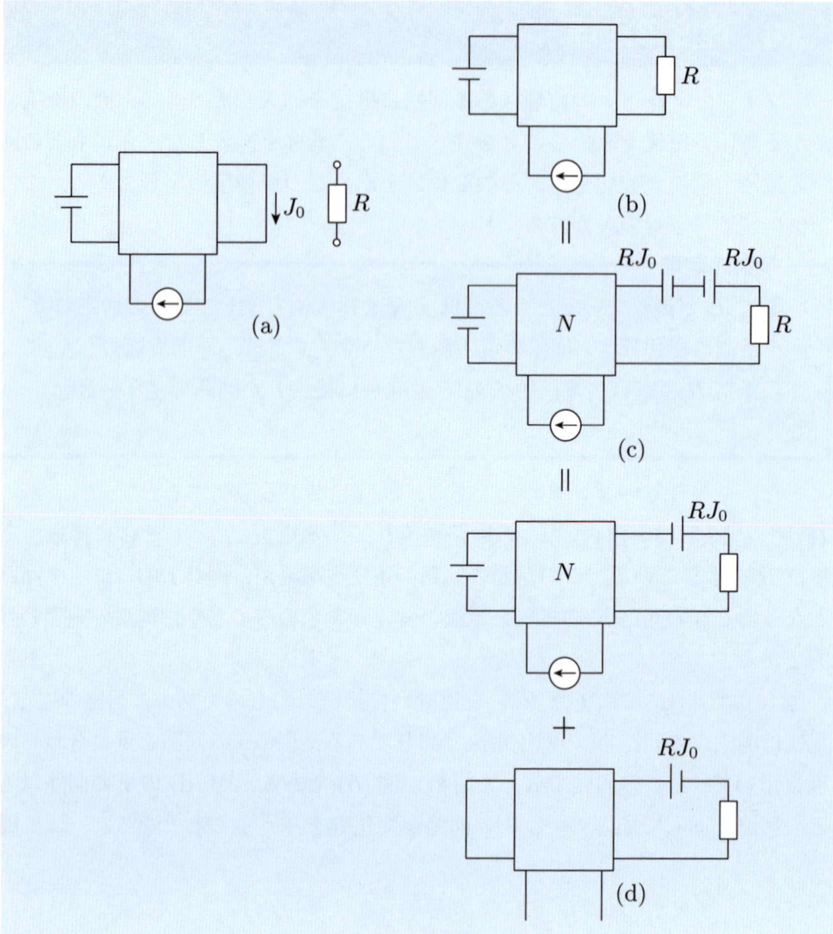

図 3.13

例題 3.3

補償の定理の双対定理を示し，証明せよ．

[証明]　電圧 V_0 がある端子にコンダクタンス G のコンダクタを接続したときの回路変化分は，回路の電圧源を短絡除去し，電流源を開放除去した回路に G に並列に GV_0 の電流源を逆向きに加えたときの回路の電圧・電流となる．証明は図 3.14 だけの説明である．■

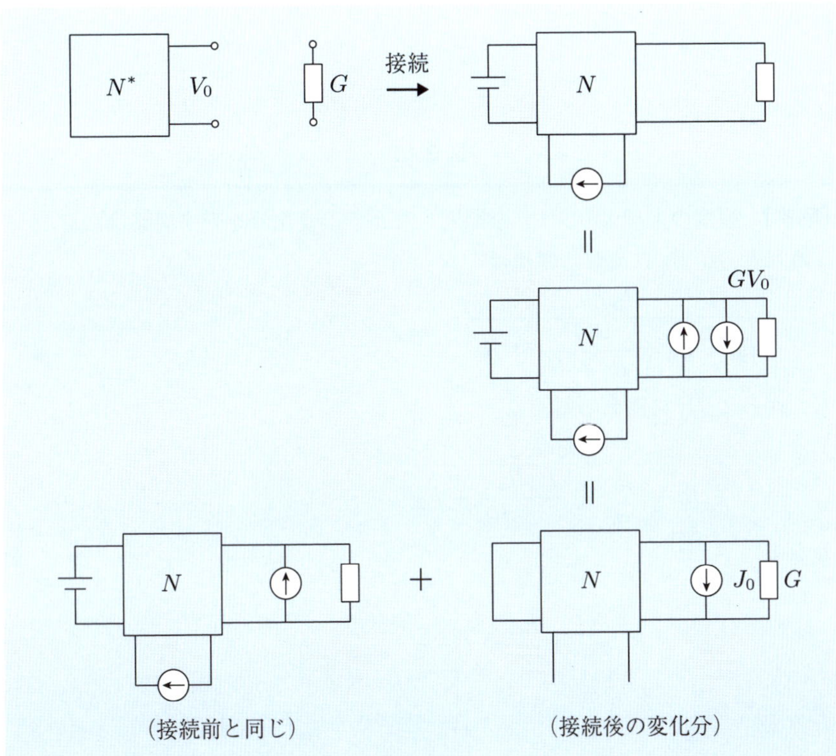

図 3.14

例題 3.4

図 3.15 の回路で，R_4 に J_0 の電流が流れているとき，内部抵抗 R_0 の電流計を挿入した．このときの R_0 に流れる電流 (電流計の指示) はいくらか．

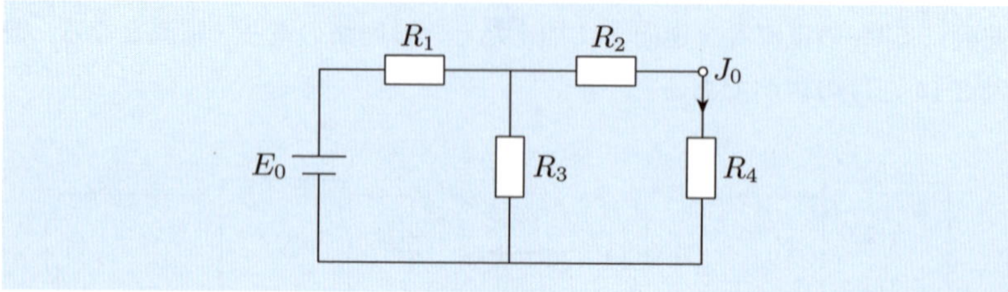

図 3.15

【解答】 補償の定理より，R_0 を挿入したときの変化分を表す回路は図 3.16 のようになり，R_4 に流れる電流は

$$\frac{R_0 J_0}{R_0 + R_4 + \dfrac{R_1 R_3}{R_1 + R_3} + R_2}$$

したがって R_4 に流れる電流は

$$J_0 - \frac{R_0 J_0}{R_0 + R_4 + \dfrac{R_1 R_3}{R_1 + R_3} + R_2}$$

となる． ■

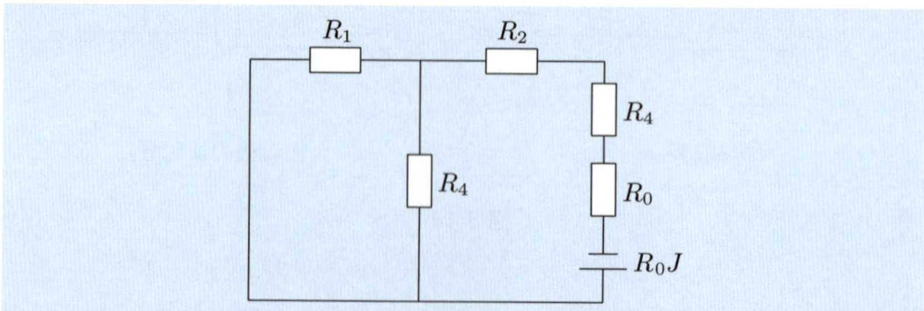

図 3.16

3.4 ブリッジ回路

図 3.17 のように，抵抗と電圧源と D で示す検出器からなる回路をブリッジ回路という．

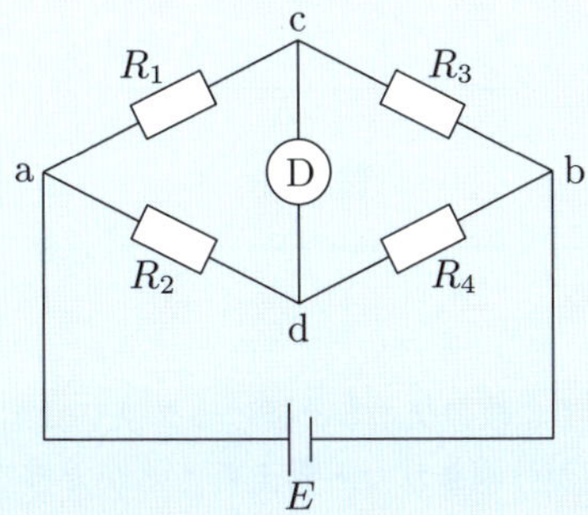

図 3.17 ブリッジ回路

D では，電流が流れているかどうかを判断する (あるいは，電圧がかかっているかどうか).

D を除いた回路を考えると，cd 間の電圧 V_{cd} は，

$$V_{cd} = \frac{R_3}{R_1 + R_3}E - \frac{R_4}{R_2 + R_4}E \tag{3.7}$$

$$= \frac{R_2 R_3 - R_1 R_4}{(R_1 + R_3)(R_2 + R_4)} \tag{3.8}$$

となる．したがって

$$R_2 R_3 = R_1 R_4 \tag{3.9}$$

であれば，$V_{cd} = 0$ となる．したがって，D の電流は 0 となる．このとき，ブリッジは平衡しているといい，上式を，平衡条件と呼ぶ．例えば，R_1, R_2, R_3 の抵抗値が既知なら，平衡させることで R_4 の値が精度よく求まる．

このように，ブリッジは物理における天秤に対応する．ブリッジ回路に対応するグラフは，図 3.18 のようになる．

これは，完全グラフ (どの節点間にも枝がある) であり，また，平面グラフである．また，1, 2, 3 の枝からなる木を考えると，その補木も木となる (4, 5, 6). 面白いグラフである．

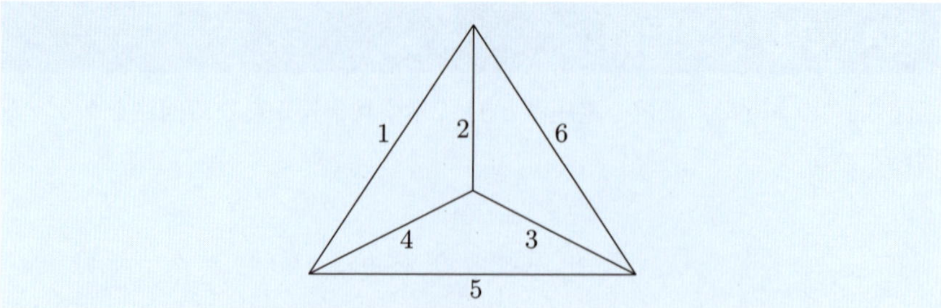

図 3.18

双対グラフ

平面グラフとは平面上に枝の交差なく描けるグラフであることは述べた．このとき，枝によって平面が分割されたと考えることができる．例えば，図 3.19 の平面グラフを考えると，$\{1,3,4\}$，$\{2,3,5\}$ と $\{1,2,4,5\}$(外側の平面) の 3 つの平面に分割されている．各々の平面に ①，②，③ と名付ける．平面 ① と平面 ② との境界は枝 3 である．

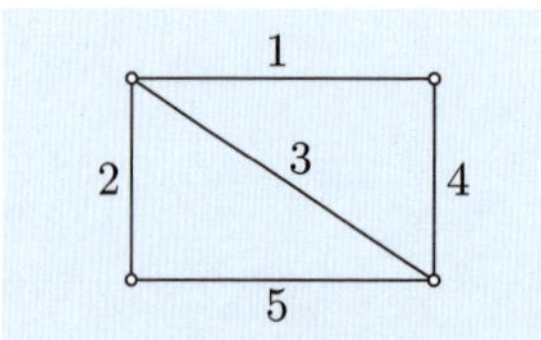

図 3.19

表 3.1

	1	2	3	4	5
①	1		1	1	
②		1	1		1
③	1	1		1	1

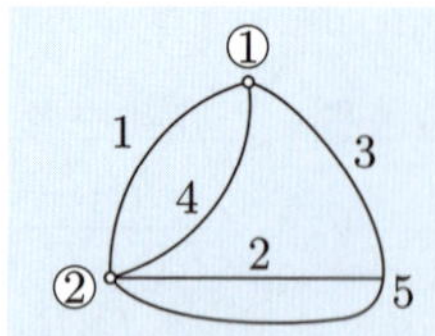

図 3.20

これを行列で表現すると，表 3.1 のようになる (ただし，関係しないとき 0 とするが，それを省略している)．これは先に述べたインシデント行列と同じ形をしているので，これをインシデント行列としたグラフを描くと，図 3.20 となる．これを図 3.19 に示したグラフの双対グラフという．

図 3.19 と示したグラフの 1 つのタイセット $\{2,3,5\}$ は，双対グラフではカットセットとなっている．逆に，双対グラフの 1 つのタイセット $\{3,4,5\}$ は，もとのグラフのカットセットとなっている．このように双対の関係にあるため，双対グラフという (もう少し簡単な例では，もとのグラフの枝 1 と枝 4 は直列接続であるのに対して，双対グラフでは並列接続となっている)．

ブリッジ回路を示す双対グラフを求めると，そのグラフはもとのグラフと同じになる (確かめよ)．このようなグラフを自己双対グラフという．

3.5 相反定理

相反定理

図 3.21 のような回路 N(電圧源も電流源も含まない) を考え，端子 $1, 1'$ と端子 $2, 2'$ があるとする．端子 $1, 1'$ に電圧源 E_1 を接続し，端子 $2, 2'$ を短絡したとき，端子 $2, 2'$ に流れる電流を I_2 とし，同様に端子 $2, 2'$ に電圧源 E_2 を接続し，端子 $1, 1'$ を短絡したとき，端子 $1, 1'$ に流れる電流を I_1 とすると，以下が成り立つ．

$$\frac{E_1}{I_2} = \frac{E_2}{I_1} \tag{3.10}$$

これを相反定理という．証明は省略する．

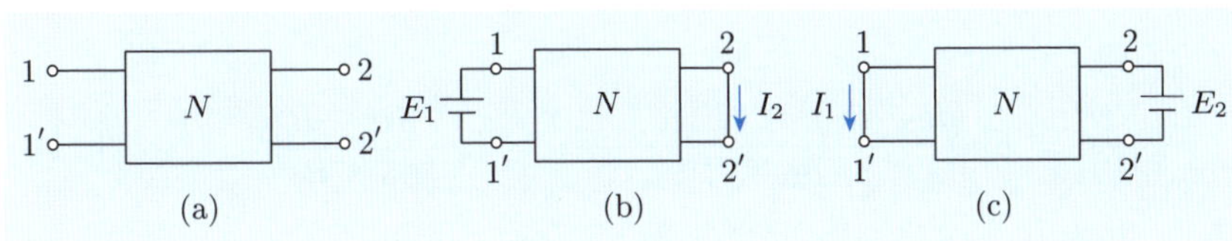

図 3.21

例2 次の図 3.22 で相反定理を確かめる．$1, 1'$ に E_1 を接続し，$2, 2'$ を短絡した電流 I_2 を求める．まず R_1 に流れる電流 I_{R1} は

$$I_{R1} = \frac{E_1}{R_1 + \dfrac{R_2 R_3}{R_2 + R_3}}$$

したがって，

$$I_2 = I_{R1} \cdot \frac{R_3}{R_2 + R_3} = \frac{R_3 E_1}{R_1 R_2 + R_1 R_3 + R_2 R_3}$$

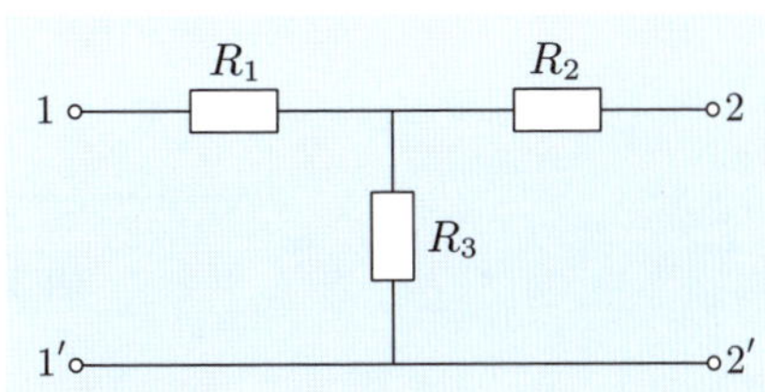

図 3.22

同じように，$2, 2'$ に E_2 を接続し，$1, 1'$ の短絡電流 I_1 を求めると，

$$I_1 = \frac{E_2}{R_2 + \dfrac{R_1 R_3}{R_1 + R_3}} \cdot \frac{R_3}{R_1 + R_3} = \frac{R_3 E_2}{R_1 R_2 + R_1 R_3 + R_2 R_3}$$ □

3.6 電 力

電圧と電流の積は電力であり，単位はWである．抵抗 R での電力 (消費電力) は，

$$VI = \frac{V^2}{R} = RI^2$$

となる．

最大電力

図3.23のような回路を考えて，抵抗 R で消費する電力を最大にするような抵抗 R の値を求めることを考える．R の消費電力は

$$P = \frac{RE_0^2}{(R_0 + R)^2}$$

となるので

$$\frac{\partial P}{\partial R} = E_0^2 \frac{(R + R_0)^2 - 2R(R + R_0)}{(R_0 + R)^4} = E_0^2 \frac{-R^2 + R_0^2}{(R_0 + R)^4} \tag{3.11}$$

より，$R = R_0$ のとき，極値をもち最大となる．このようなときに整合している (matching) と呼ぶ．

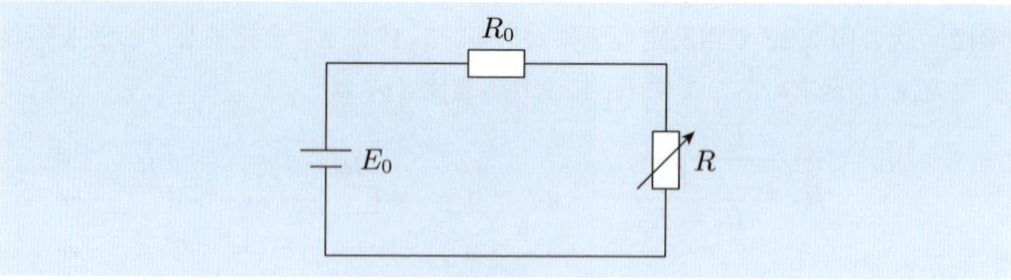

図 3.23

例題 3.5

図 3.24(a) の回路で R_4 の消費電力が最大となる R_4 を求めよ．

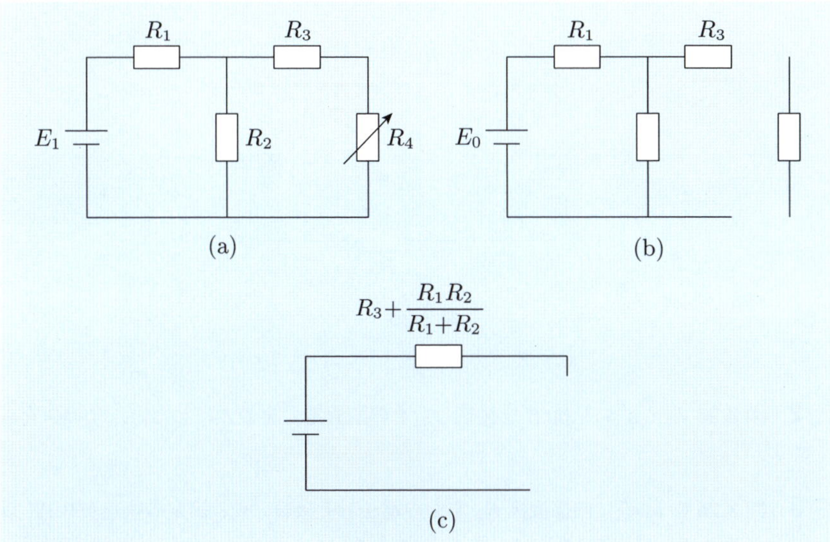

図 3.24

【解答】 図 3.24(b) の E 側の回路のテブナン等価回路を求めると，図 (c) となる．

よって，

$$R_4 = R_3 + \frac{R_1 R_2}{R_1 + R_2}$$

となる．■

3章の問題

□**1** 図3.25の回路のテブナン等価回路とノートン等価回路を求めよ．

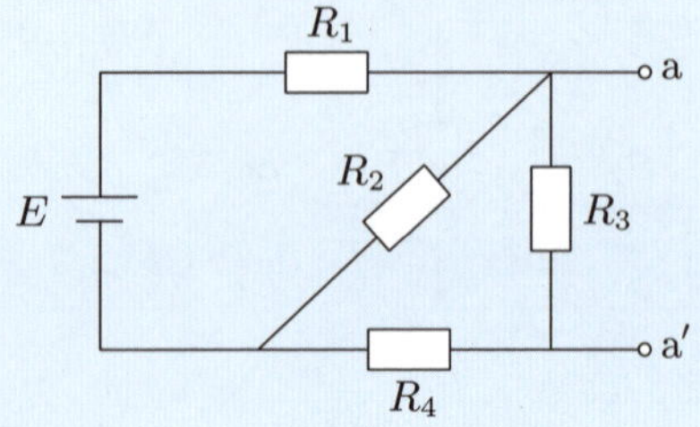

図 3.25

□**2** 図3.25のa, a′ に抵抗 R を接続し，その消費電力を最大にしたい．R の値を求めよ．

□**3** 図3.25のa, a′ に内部抵抗 R_0 をもつ電圧計を接続した．測定の誤差が0.1% 以下となるためには，R_0 の値はいくらとすればよいか．

4 回路の計算に必要な電気磁気

前章で直流回路について学習した．その後に交流回路を学習する．交流回路は電流や電圧が変動する回路である．物理等で学んだ“電磁気”によれば，電流が流れると磁束が発生する．磁束が変化すると電圧を発生する．このことは，電流が変化すると電圧が発生することになる．また，誘電体に電圧をかけると電荷が発生する．電荷の変化が電流ある．したがって，電圧が変化すると電流が流れる．このように電圧や電流が変化する交流回路を学習する前に，電流と磁束，電圧と電荷の関係を知ることは肝要である．これはいわゆる,「電磁気学」の分野であり，すでに「物理」等で学習している．ここでは，交流回路に必要な概念と「エネルギー」について述べる．

4 章で学ぶ概念・キーワード

- 磁界，電界，インダクタンス，静電容量
- 磁気回路
- 磁気エネルギー，電界のエネルギー

4.1 電流と磁気

電流が流れると周囲に磁界 $\boldsymbol{H}$ が発生する．**磁界 $\boldsymbol{H}$** と電流の関係が**アンペールの式**として

$$\oint \boldsymbol{H} dl = NI \tag{4.1}$$

が知られている．$\boldsymbol{H}$ の単位は [A/m] である．

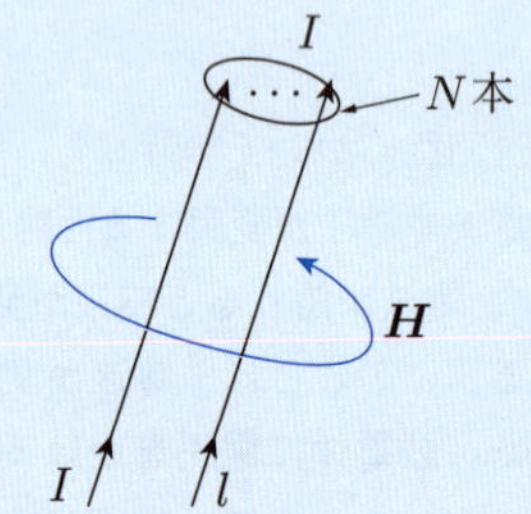

図 4.1

微分形で表現すると，

$$\mathrm{rot}\boldsymbol{H} = \boldsymbol{J} \tag{4.2}$$

ここで，$\boldsymbol{J}$ は電流密度である [1]．

また，電流 I による任意の点の磁界は**ビオサバールの式**で求められることが知られている．

$$d\boldsymbol{H} = \frac{1}{4\pi}\frac{\sin\theta I}{r^2}dl \tag{4.3}$$

---

[1] 正しくは $\mathrm{rot}\boldsymbol{H} = \boldsymbol{J} + \dfrac{\partial \boldsymbol{D}}{\partial \mathrm{t}}$ であり，$\dfrac{\partial \boldsymbol{D}}{\partial t}$ は変位電流，$\boldsymbol{D}$ は電束密度 (4.3 節の電界を参照)．変化がゆっくりのとき，$\dfrac{\partial \boldsymbol{D}}{\partial t}$ を省略する．高い周波数を考えるとき (電磁波) はこの項が支配的になる．積分形も

$$\oint \boldsymbol{H} dl = NI + \frac{\partial \Psi}{\partial t} \quad (\Psi\text{：誘電束と呼ばれる})$$

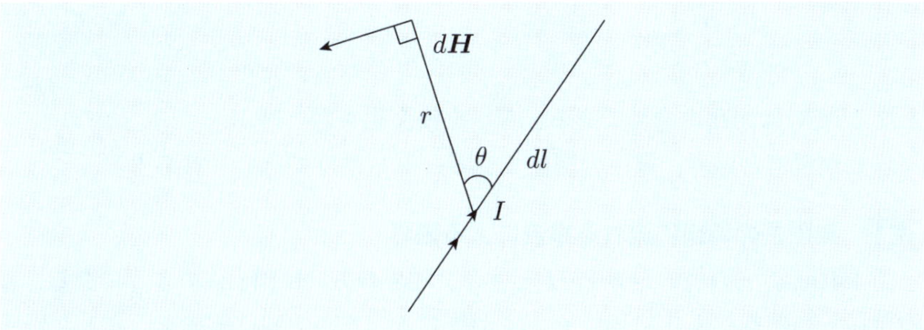

図 4.2

方向は $dl, r, d\boldsymbol{H}$ の右手系[2)] である (図 4.2).

磁界 $\boldsymbol{H}$ と**磁束密度** $\boldsymbol{B}$ の関係は,

$$\boldsymbol{B} = \mu \boldsymbol{H} \tag{4.4}$$

となり，μ は**透磁率**と呼ばれる．真空の透磁率は $\mu_0 = 4\pi \times 10^{-7}$，磁束密度の単位は [T](テスラ) である．面 S を貫く磁束 Φ は

$$\Phi = \int \boldsymbol{B} dS \tag{4.5}$$

で表される．面内で一様な磁束密度であれば,

$$\Phi = \boldsymbol{B} S \tag{4.6}$$

である． Φ の単位は [Weber] (ウェバー) である．磁界が変化すると，その変化を妨げる方向に電圧が生じる (レンツの法則)．この関係は

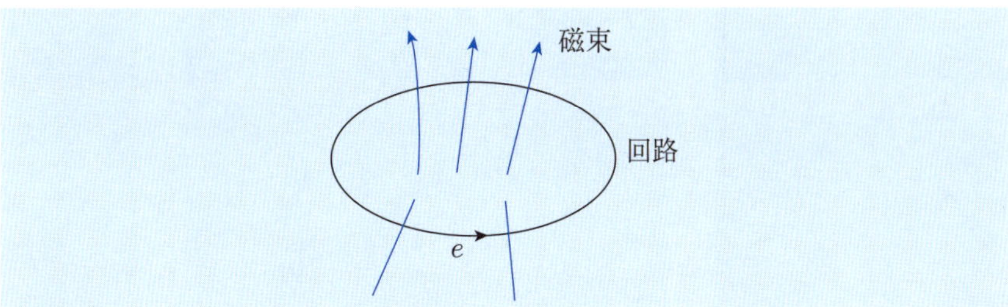

図 4.3

2) 右の親指，人差指，中指の各々を直角にする．このとき，A,B,C が右手系とは A を親指，B を人差指，C を中指とする．

$$e = -\frac{dN\Phi}{dt} \tag{4.7}$$

となる．N は閉路の巻数である．$N\phi$ を鎖交磁束数と呼ぶ．

以上が電流と磁界，電圧の関係である．例を挙げてその計算をする．

例 1　無限長の導線に流れる電流による磁界

図 4.4(a) の r の点の磁界を $\boldsymbol{H}$ とする．磁界の方向は図 (b) のようになる．導線から r の距離にある磁界は大きさが等しく，その方向は導線を中心とした円の接線方向である．したがってアンペアの法則

$$\oint \boldsymbol{H} dl = I \tag{4.8}$$

より，

$$\int_0^{2\pi r} \boldsymbol{H} dl = H \cdot 2\pi r = I \tag{4.9}$$

となり

$$H = \frac{I}{2\pi r} \tag{4.10}$$

となる．□

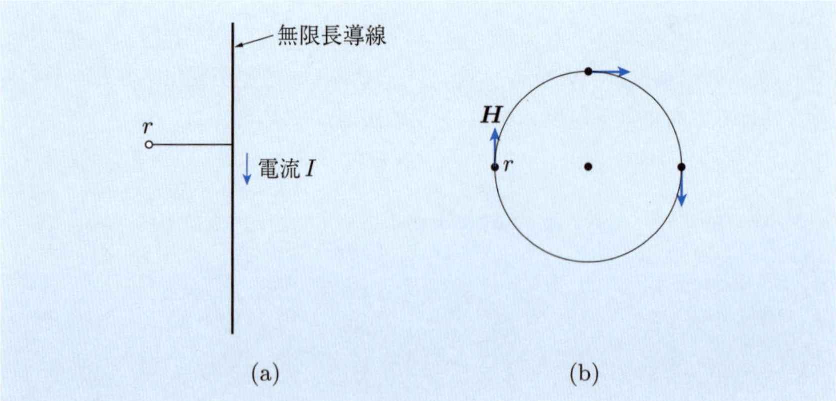

図 4.4　無限長導線とその周辺磁界 ((b) は (a) を上から見た図)

例2 有限長の直線導線に流れる電流による磁界

図 4.5 に示す P 点の磁界を求める (実際上，このような有限長のみ電流が流れることはあり得ない．何故か？ 計算のための例である)．

ビオサバールの法則を用いると，微小長 dl による P 点の磁界

$$dH = \frac{Idl \cdot \sin\theta}{4\pi r^2} = \frac{Idl \cdot \cos\alpha}{4\pi r^2} \tag{4.11}$$

の方向は紙面に垂直である．

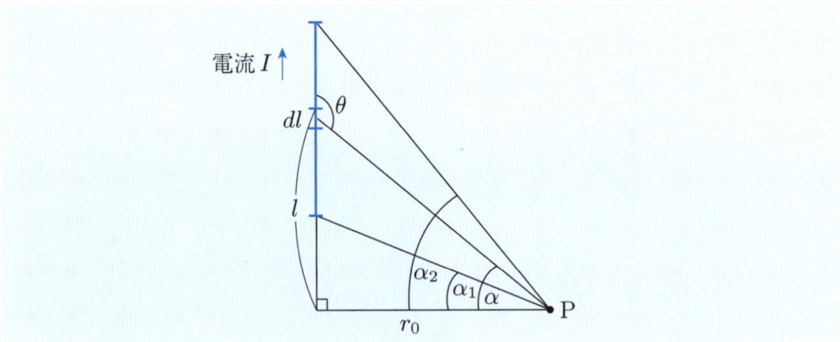

図 4.5

図のように P 点から導線の延長線への垂線の長さを r_0 とすると

$$l = r_0 \tan\alpha \to dl = r_0 \sec\alpha^2 d\alpha \tag{4.12}$$

$$dl \cdot \cos\alpha = r_0 \sec\alpha d\alpha \tag{4.13}$$

$$r = r_0 \sec\alpha \tag{4.14}$$

$$dH = \frac{Ir_0 \sec\alpha d\alpha}{4\pi r_0^2 \sec^2\alpha} = \frac{I}{4\pi r_0}\cos\alpha d\alpha \tag{4.15}$$

よって，

$$H = \int_{\alpha_1}^{\alpha_2} \frac{I}{4\pi r_0}\cos\alpha d\alpha = \frac{I}{4\pi r_0}(\sin\alpha_2 - \sin\alpha_1) \tag{4.16}$$

となる． □

例3 円形導線電流による磁界

図 4.6 のような半径 a 円形導線の電流による円の中心から，垂直方向に距離 x の P 点での磁界を求める．ここで，

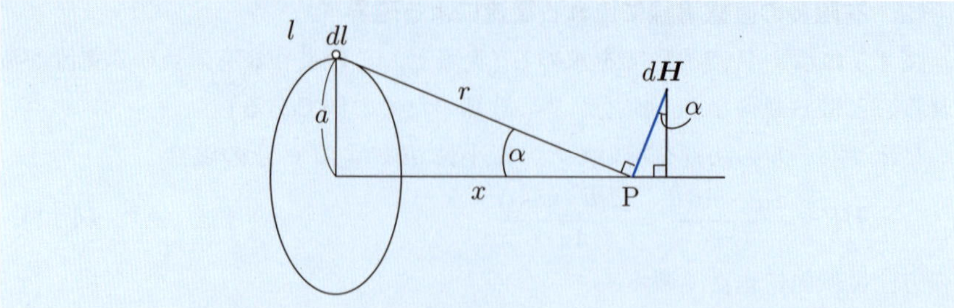

図 4.6

- dl と P を結ぶ直線と円とは直交している
- dl に流れる磁界の方向を図示している

より，dH の x 方向の磁界 H_x は

$$dH \sin\alpha \tag{4.17}$$

$$dH = \frac{Idl}{4\pi r^2} \quad (\text{大きさだけ}) \tag{4.18}$$

したがって，

$$H_x = \frac{Ia}{4\pi(x^2+a^2)\sqrt{x^2+a^2}} \cdot 2\pi a$$
$$= \frac{a^2 I}{2(x^2+a^2)^{\frac{3}{2}}} \tag{4.19}$$

となる．□

例4　ソレノイドによる磁界

図 4.7 のように円筒上に導線を巻いたものをソレノイドという．後に述べる巻線 (コイル) の形状の 1 つである．円筒上の磁界を求める (その他の磁界は手計算では求め難い)．ソレノイドの単位長の巻数を n とする．ソレノイドの長さを l，半径を a とし，図のように x, dx をとる．

まず，幅 dx で巻数 ndx の円形導体の x 方向の磁界を求めると，

$$dH_x = \frac{a^2 Indx}{2(x^2+a^2)^{\frac{3}{2}}}$$

さらに図 4.8 のように角度 $\alpha, \alpha_1, \alpha_2$ を定めると，

$$x = a\cot\alpha$$

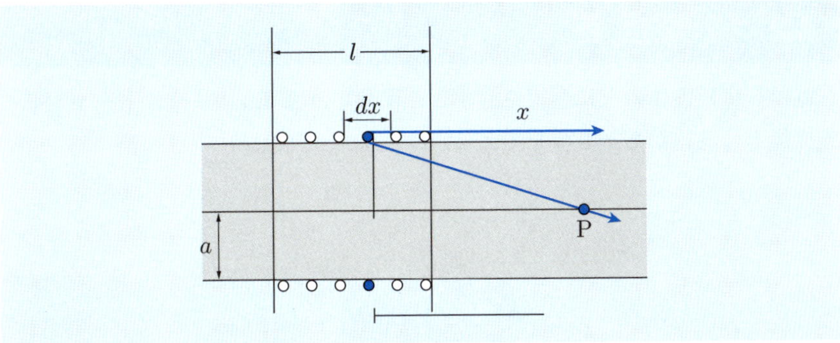

図 4.7

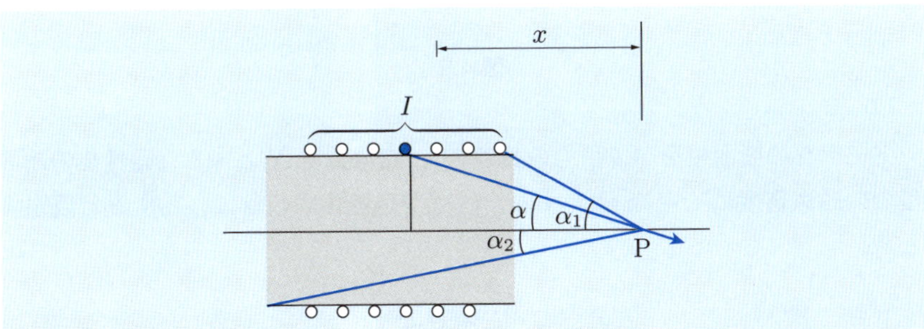

図 4.8

より，

$$dx = -\frac{a}{\sin^2\alpha}d\alpha \tag{4.20}$$

$$\begin{aligned} dH_x &= \frac{a^2 Indx}{2(x^2+a^2)^{\frac{3}{2}}} \\ &= \frac{a^2 I\cdot n}{2(a^2\cot^2\alpha + a^2)^{\frac{3}{2}}}\left(-\frac{a}{\sin^2\alpha}d\alpha\right) \\ &= -\frac{nI}{2}\sin\alpha d\alpha \end{aligned} \tag{4.21}$$

したがって，

$$H_x = \int_{\alpha_1}^{\alpha_2} -\frac{nI}{2}\sin\alpha d\alpha = \frac{nI}{2}(\cos\alpha_2 - \cos\alpha_1) \tag{4.22}$$

となる． □

4.2 磁気回路

電磁石は磁性体の上に巻線を施すことが多い．図 4.9 のようにドーナツ状の磁性体上に巻線があるものを考える．

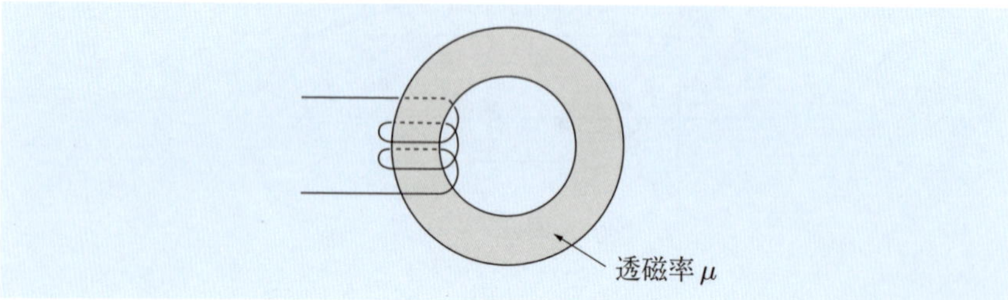

図 4.9

ドーナツの断面積を A，平均の長さを l，巻線数を N とする．磁性体の断面積での磁束密度は一定で B とする．磁束が磁性体内のみに存在すると仮定する[3]．

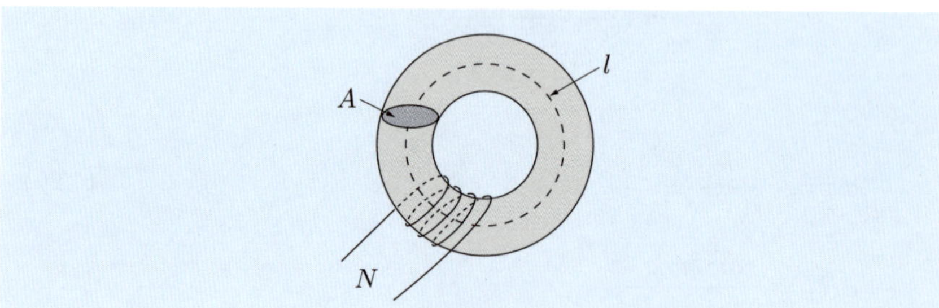

図 4.10

$$\mathrm{div}\boldsymbol{B} = 0, \qquad \int \boldsymbol{B} dS = 0 \tag{4.23}$$

より，磁束は一様に磁性体内に分布する．

[3] 磁性体の透磁率が空気より 1000 倍程度大きいので厳密には成立しないが，おおむね成り立つ.「このおおむね成立する」概念は工学的に有用である．

$$\boldsymbol{B} = \mu \boldsymbol{H} \tag{4.24}$$

より，磁界も一様に分布する．

$$\int H dl = NI \tag{4.25}$$

より

$$Hl = NI \tag{4.26}$$

$$B = \mu H = \frac{\mu NI}{l} \tag{4.27}$$

磁束 $\Phi = BA$ より $\Phi = (\mu A/l)NI$ となる．

ここで磁束は，磁束密度 $\int BdS = 0$ よりキルヒホッフの電流則を満足する．したがって Φ を電流，NI を電圧，$\mu A/l$ をコンダクタンス ($l/\mu A$ を抵抗) に対応させると，磁気計算を電気回路と同様な方法で解ける．これを磁気回路といい，$l/\mu A$ を磁気抵抗という．なお，NI を起磁力，磁気抵抗の記号を R_m とし，電気回路の抵抗と区別する．

例題 4.1

図 4.11 のように l_g の空隙を有する磁性体リングに巻線を施した例を考える．磁性体の平均磁路長を l_c，断面積を A とする．空隙の磁束は，図 4.12(a) のように広がる (フリンジング)．計算の簡単のため，フリンジングが生じず，図 4.12(b) のようであるとする．このときの磁束を求めよ．

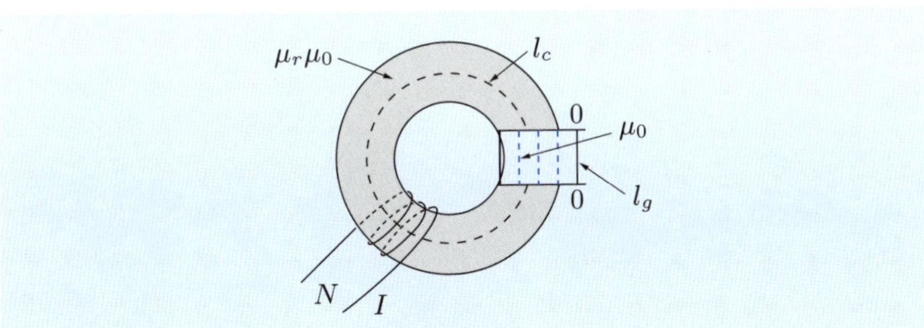

図 4.11

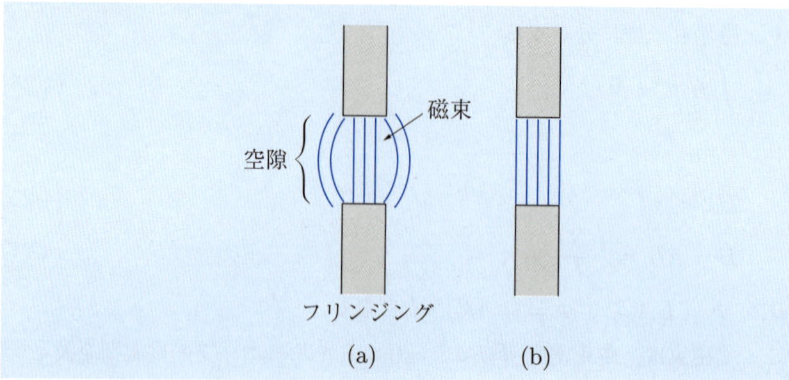

図 4.12

【解答】 フリンジングがないと仮定しているので，磁気回路を用いて磁束を求める．磁気回路は図 4.13 のようになり，磁気抵抗は

$$R_{m1} = \frac{l_c}{\mu_r \mu_0 A} \quad \text{：磁性体内} \tag{4.28}$$

$$R_{m2} = \frac{l_g}{\mu_0 A} \quad \text{：空隙部} \tag{4.29}$$

であるから，

$$\Phi = \frac{NI}{\dfrac{l_c}{\mu_r \mu_0 A} + \dfrac{l_g}{\mu_0 A}} = \frac{\mu_r \mu_0 A}{l_c + \mu_r l_g} NI \tag{4.30}$$

となる． ■

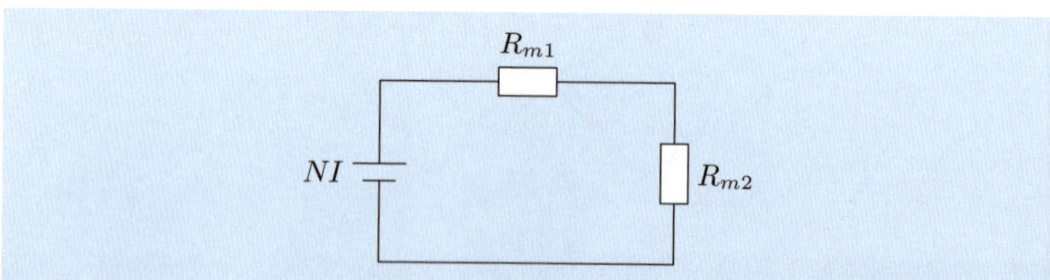

図 4.13

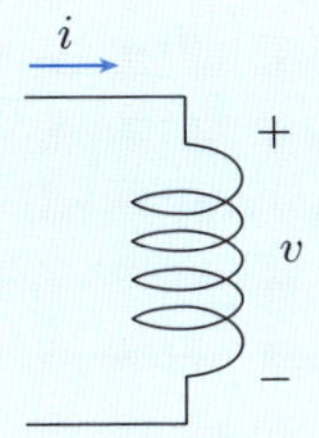

図 4.14

以上，電流が流れると磁界が生じ，磁束が発生する．このとき，電流が増加(減少) すると磁束も増加 (減少) する．その変化が生じない方向に電圧が生じる．図 4.14 のように電流と電圧の方向を示すと，

$$v = \frac{dN\Phi}{dt} \propto \frac{di}{dt} \tag{4.31}$$

となる．ここで，$N\Phi = Li$ とする．L は**インダクタンス**と呼ばれ，単位は [H] (ヘンリー) である．図 4.14 のコイルのインダクタンスは

$$\Phi = \frac{\mu A}{l} Ni \tag{4.32}$$

であるから

$$L = \frac{\mu A}{l} N^2 \tag{4.33}$$

となる．

次に，図 4.15 のように磁性体である鉄心に 2 つの巻線が施されている装置を考える．各々電流 i_1, i_2 が図のように流れた場合，Φ_1, Φ_2 の方向に磁束が発生するとする．図に対応する磁気回路は図 4.16 のようになる．

このとき，

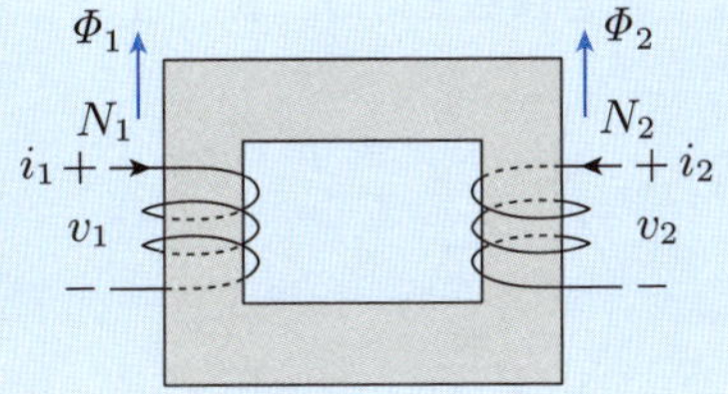

図 4.15

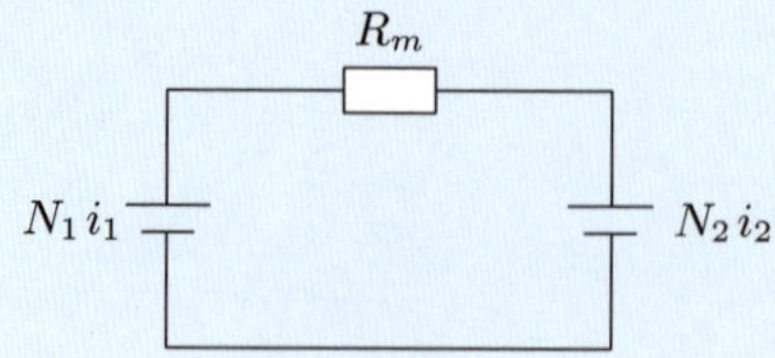

図 4.16

$$\Phi_1 = \frac{N_1 i_1}{R_m} - \frac{N_2 i_2}{R_m} \tag{4.34}$$

$$\Phi_2 = \frac{N_2 i_2}{R_m} - \frac{N_1 i_1}{R_m} \tag{4.35}$$

$$v_1 = \frac{dN_1 \Phi_1}{dt} = \frac{N_1^2}{R_m}\frac{di_1}{dt} - \frac{N_1 N_2}{R_m}\frac{di_2}{dt} \tag{4.36}$$

$$v_2 = \frac{dN_2 \Phi_2}{dt} = \frac{N_2 N_1}{R_m}\frac{di_1}{dt} - \frac{N_2^2}{R_m}\frac{di_2}{dt} \tag{4.37}$$

となる．ここで，

$$L_1 = \frac{N_1^2}{R_m}, \quad M = \frac{N_1 N_2}{R_m}, \quad L_2 = \frac{N_2^2}{R_m}$$

とする．L_1,L_2 を**自己インダクタンス**，M を**相互インダクタンス**と呼ぶ．いまの例の場合，

$$L_1 L_2 = M^2$$

となる．これを**完全結合**と呼ぶ．多くの場合は，巻線 1 で発生した磁束のすべてが巻線 2 に鎖交する訳ではない．そのことを模式的に書くと，図 4.17 のようになる．Φ_e をもれ磁束と呼ぶ．このときは $L_1 L_2 > M^2$ となる．

また，$K = \dfrac{M}{\sqrt{L_1 L_2}}$ を**結合係数**と呼び，$K \leq 1$ となる．

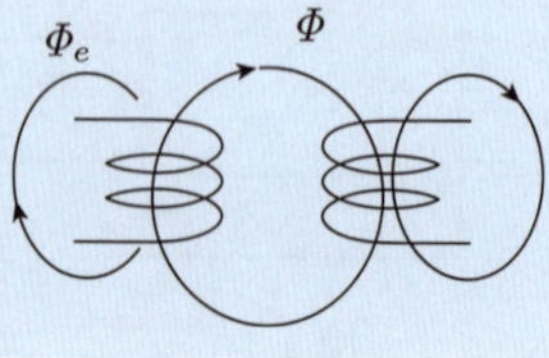

図 4.17

4.3 電　　界

マックスウェルの方程式によれば,

電界 $\boldsymbol{E}$, 磁束密度 $\boldsymbol{B}$ の関係

$$\mathrm{rot}\boldsymbol{E} = -\frac{\partial \boldsymbol{B}}{\partial t}, \quad \oint \boldsymbol{E}dl = -\frac{\partial N\Phi}{\partial t} \tag{4.38}$$

電束密度 $\boldsymbol{D}$, 電荷密度 $\boldsymbol{q}$, 電荷 $\boldsymbol{Q}$ との関係

$$\mathrm{div}\boldsymbol{D} = q \quad (\boldsymbol{D} = \varepsilon\boldsymbol{E}), \quad \oint \boldsymbol{D}dS = Q \tag{4.39}$$

と表されている. 磁束変化がないと, $\mathrm{rot}\boldsymbol{E} = 0$ となる. このようなとき, 静電界と称され, 物理においていくつかの例題を解いてきたことであろう. ε は**誘電率**と呼ばれる. 真空の誘電率 ε_0 は $\varepsilon_0 \sim 8.854 \times 10^{-12}$[F/m] である.

例えば, 図 4.18 のように平行な平板が距離 dm (面積 Am^2) に配置され, その中に誘電率 ε の物体で満たされていることを考える.

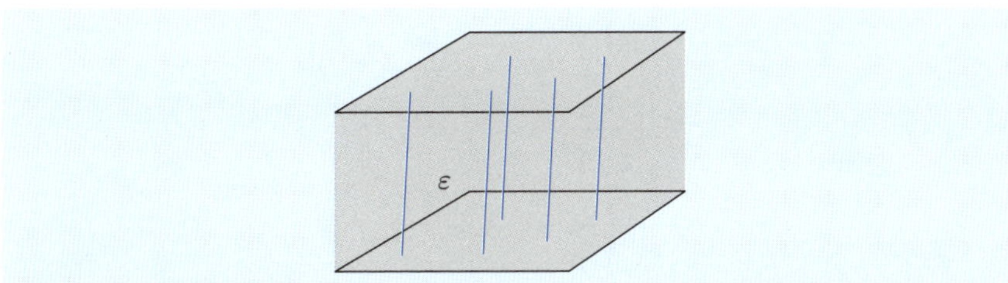

図 4.18

2 つの平板に電荷 Q, 他方に電荷 $-Q$ があるとし, 1 つの平板を包む面を考える (図 4.19 参照).

$$\oint \boldsymbol{D}dS = \int \varepsilon\boldsymbol{E}d\boldsymbol{S} = Q \tag{4.40}$$

だから, 平板が非常に大きいと仮定し, 平板近くの電界を考えると,

$$\boldsymbol{E} = \frac{Q}{\varepsilon \cdot 2A} \tag{4.41}$$

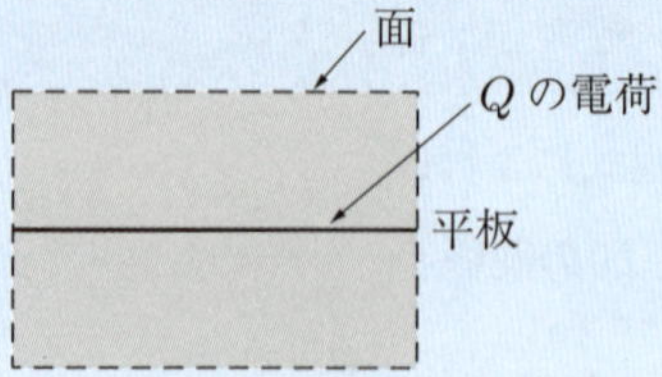

図 4.19

となる．$-Q$ の電荷がある平板に対して

$$\boldsymbol{E} = -\frac{Q}{\varepsilon \cdot 2A} \tag{4.42}$$

の電界となる．その方向は図 4.20 のようになる．したがって平板の間では

$$\boldsymbol{E} = \frac{Q}{\varepsilon A} \tag{4.43}$$

となり，平板の外側では

$$\boldsymbol{E} = 0 \tag{4.44}$$

となる．

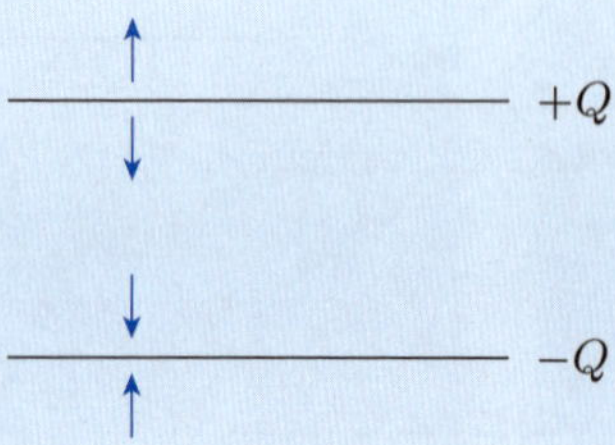

図 4.20

ここで，平板間の距離を d とすると，平板間の電圧 v は

$$v = Ed = \frac{d}{\varepsilon A}Q \tag{4.45}$$

となる．また，Q の時間変化 dQ/dt は電流 i となるから

$$i = \frac{dQ}{dt} = \frac{\varepsilon A}{d}\frac{dv}{dt} = C\frac{dv}{dt} \tag{4.46}$$

となる．$\varepsilon A/d$ を**静電容量**と呼び，記号は C で単位は F [ファラッド] である．電圧と電荷の関係があるものを**コンデンサ**，または，**キャパシタ**と呼ぶ．

例題 4.2

図 4.21 のように，平行平板コンデンサに誘導体 ε_1 と ε_2 の誘導体があるとする．このコンデンサの静電容量はいくらか．

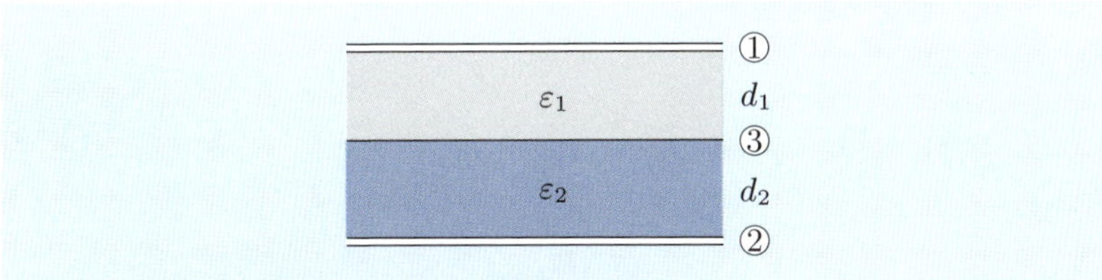

図 4.21

【解答】 平板 ① と平板 ② の電荷は符号が逆で等しい．すなわち，Q と $-Q$ とする．① と ③ 間の電圧を V_1，③ と ② 間の電圧を V_2 とすると，

$$Q = \frac{\varepsilon_1 A}{d_1} V_1 = \frac{\varepsilon_2 A}{d_2} V_2 \tag{4.47}$$

となり，① と ② 間の電圧を V は，

$$V = \frac{d_1}{\varepsilon_1 A} Q + \frac{d_2}{\varepsilon_2 A} Q \tag{4.48}$$

したがって，

$$Q = \frac{1}{\dfrac{d_1}{\varepsilon_1 A} + \dfrac{d_2}{\varepsilon_2 A}} V = \frac{\varepsilon_1 \varepsilon_2 A}{\varepsilon_2 d_1 + \varepsilon_1 d_2} V \tag{4.49}$$

よって

$$C = \frac{\varepsilon_1 \varepsilon_2 A}{\varepsilon_2 d_1 + \varepsilon_1 d_2} \tag{4.50}$$

となる． ■

例題 4.3

静電容量 C_1 と C_2 の直列回路の合成静電容量 C は $\dfrac{C_1C_2}{C_1+C_2}$ となり，静電容量 C_1 と C_2 の並列回路の合成静電容量は C_1+C_2 となることを示せ.

【解答】 直列接続の場合は，

$$C_1V_1 = C_2V_2 = Q \tag{4.51}$$

が成立する.

$$V = V_1 + V_2 = \frac{Q}{C_1} + \frac{Q}{C_2} \tag{4.52}$$

したがって，

$$Q = CV = \frac{V}{\dfrac{1}{C_1} + \dfrac{1}{C_2}} = \frac{C_1C_2}{C_1+C_2}V \tag{4.53}$$

並列接続の場合は

$$C_1V = Q_1, \quad C_2V = Q_2 \tag{4.54}$$

となり，

$$Q = Q_1 + Q_2 \tag{4.55}$$

したがって，

$$Q = (C_1 + C_2)V \tag{4.56}$$

となる. ■

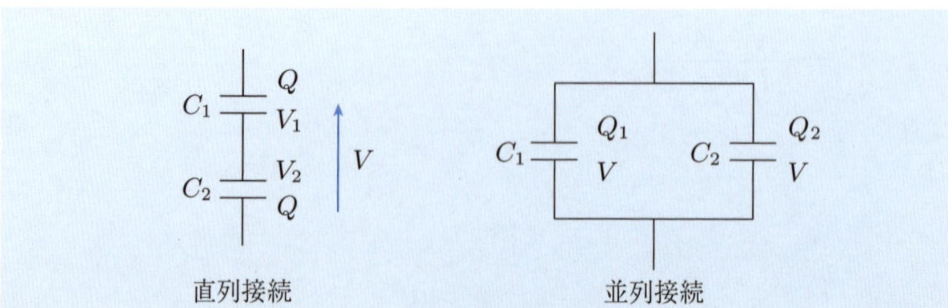

図 4.22

4.4　磁界，電界のエネルギー

磁界のエネルギー

自己インダクタンス L のコイルを考える．電圧 v と，電流 i の関係は

$$v = L\frac{di}{dt} \tag{4.57}$$

であるから，電力を考えると，

$$vi = iL\frac{di}{dt} = \frac{d}{dt}\left(\frac{1}{2}Li^2\right) \tag{4.58}$$

となる．電力の単位は [W] = [J/s]．したがって，$\frac{1}{2}Li^2$ はエネルギーとなる．これを図 4.23 のようなコイルを考えると，

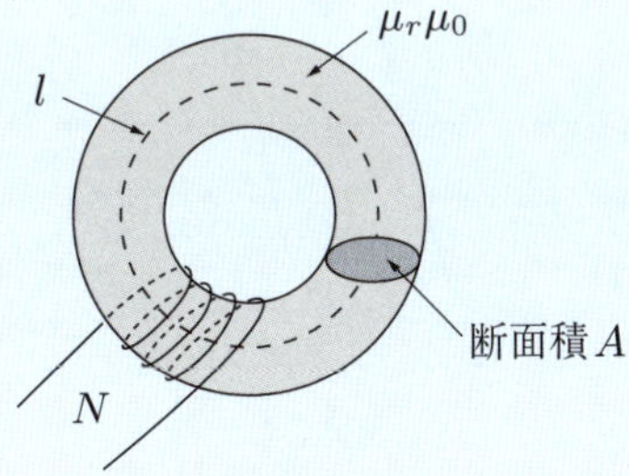

図 4.23

$$v = \frac{d}{dt}N\Phi \tag{4.59}$$

であるから，電力は

$$vi = i\frac{d}{dt}N\Phi \tag{4.60}$$

より

$$\begin{aligned} vidt &= idN\Phi \quad (\Phi = BA) \\ &= NiAdB \end{aligned} \tag{4.61}$$

磁界の強さを $H = \dfrac{Ni}{l}$ (磁界を一様としている) とすると，

$$vidt = H \cdot A \cdot ldB \tag{4.62}$$

となり，単位体積当たりのエネルギーを U_m とすると

$$dU_m = \boldsymbol{H}d\boldsymbol{B} \tag{4.63}$$

となる．よって，

$$U_m = \int_0^B \boldsymbol{H}d\boldsymbol{B} \tag{4.64}$$

が保たれる．$\boldsymbol{B} = \mu\boldsymbol{H}$ の関係があり，μ が $\boldsymbol{H}$ と無関係である場合は

$$U_m = \frac{1}{2}\mu \cdot H^2 = \frac{1}{2}HB = \frac{1}{2\mu}B^2$$

となる．

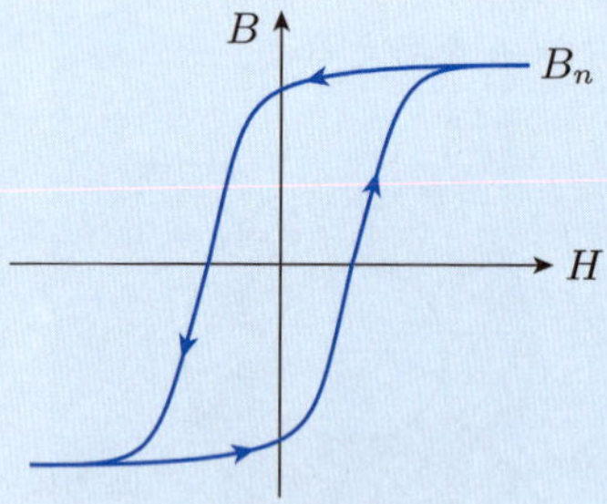

図 4.24

鉄などの磁性体における磁界と磁束密度の関係は図 4.24 のようになることが多い．すなわち磁界を増加(コイル電流を増加)させたときと減少させたときに，同じ磁界の強さに対して，磁束密度の値が違う．図中矢印は，磁界の変化の方向を示す．このような特性を**ヒステリシス**と呼び，このループを**ヒステリシスループ**と呼ぶ．

ループ 1 周のエネルギーを考えると

$$\int_0^{B_n} HdB + \int_{B_n}^0 HdB + \int_0^{-B_n} HdB + \int_{-B_n}^0 HdB \tag{4.65}$$

はループの面積となる．このエネルギーを磁性体に注入したにもかかわらず，磁性体のエネルギーは 0 となるので，このループの面積だけ損失があることになる．これをヒステリシス損失と呼ぶ．

電界のエネルギー

同様に $i = C(dv/dt)$ であるが，電力は

$$vi = vC\frac{dv}{dt} = \frac{d}{dt}\left(\frac{1}{2}Cv^2\right) \tag{4.66}$$

となるので，$\frac{1}{2}Cv^2$ がエネルギーとなる．

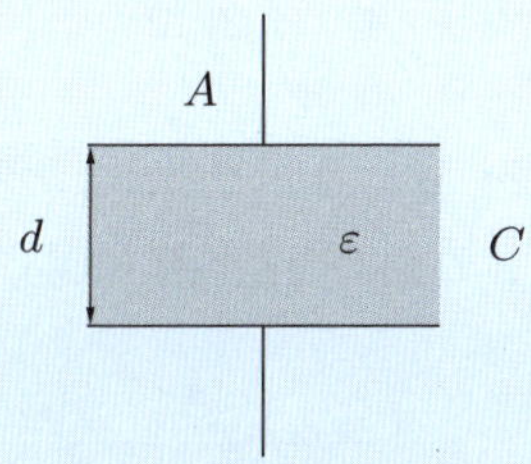

図 4.25

断面積 $A[\mathrm{m}^2]$，間隔 $d[\mathrm{m}]$ のコンデンサで考える．d は非常に小さく，平板間の電界は均一とすると，

$$v = Ed, \quad Cv = Q \tag{4.67}$$

$$vi = Ed\frac{d}{dt}Cv = Ed\frac{d}{dt}DA \tag{4.68}$$

となる（D は電束密度）．

$$vidt = EdAdD \tag{4.69}$$

単位体積当たりのエネルギーを U_e とすると，

$$dU_e = EdD \tag{4.70}$$

となる．よって，次式が成り立つ．

$$U_e = \int_0^D EdD \tag{4.71}$$

ε が E と無関係であれば，次のようになる．

$$U_e = \frac{1}{2}\varepsilon E^2 = \frac{1}{2}ED = \frac{1}{2\varepsilon}D^2 \tag{4.72}$$

4.5　磁界，電界による力

磁界に働く力

磁束密度 $\boldsymbol{B}$ と電流 $\boldsymbol{i}$ による力 $\boldsymbol{f}$ は

$$\boldsymbol{f} = \boldsymbol{i} \times \boldsymbol{B} \quad (\text{外積}) \tag{4.73}$$

と与えられ，フレミングの左手の法則として知られている[4]．この原理を利用して，モータが作られている．しかし，小型モータの一部は，これでは考えにくい場合がある．

そこで，図 4.26 のような装置において，コの字状の磁性体に N 回巻かれたコイルに電流を流したとき，可動部の磁性体に働く力を考える．

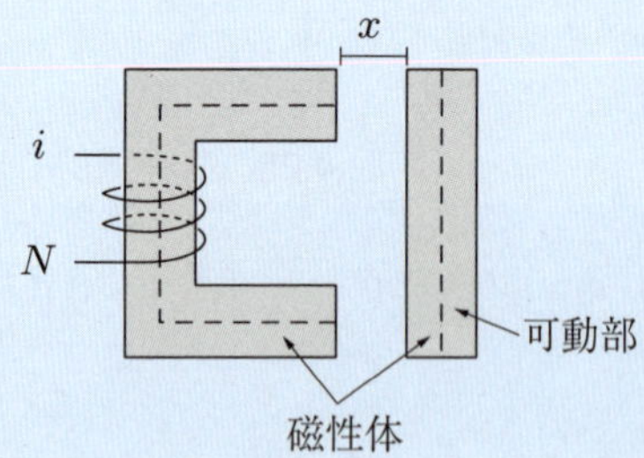

図 4.26

空隙を Δx だけ広げることを考える．このとき，コイルに加えられるエネルギーは，コイルに貯蔵されるエネルギー増加と，磁性体を Δx に広げる仕事の和となる．電流を一定とする．Δx だけ増加されたため，コイルのインダクタンスは ΔL 増加する．$Li = N\Phi$ であるから，磁束も $\Delta\Phi$ 増加する．すると電圧は，

$$v = \frac{dN\Phi}{dt} = \frac{dN\Delta\Phi}{dt}$$

と変化する．

電圧の変化分を Δv とすると，

$$\Delta v = N\Delta\Phi$$

[4] 人指指を磁束密度の方向，中指を電流の方向としたとき，親指の方向が力の方向である．

入力の変化分は，

$$i\Delta v = iN\Delta\Phi$$

貯蔵エネルギーの変化分 は，

$$\frac{1}{2}\Delta Li^2 = \frac{1}{2}N\Delta\Phi i \quad (\because \quad \Delta Li = N\Delta\Phi)$$

となる．

仕事は $f\Delta x$ であるから，

$$iN\Delta\Phi = i\frac{1}{2}N\Delta\Phi + f\Delta x$$

$$f\Delta x = \text{貯蔵エネルギーの変化分} \tag{4.74}$$

より，働く力 f は，

$$f = \frac{\partial(\text{貯蔵エネルギーの変化分})}{\partial x} \tag{4.75}$$

となる．

電圧が一定とする．このとき，$\Delta\Phi$ が変化しないので，入力の変化分 =0 となり，

$$f = -\frac{\partial(\text{貯蔵エネルギーの変化分})}{\partial x} \tag{4.76}$$

例5 図 4.26 に対して計算をしてみよう．磁性体の可動部を含めた平均磁路長を l，比透磁率を μ_r，すべての断面積を A，空隙の透磁率を μ_0 とする．磁気回路による計算式から，

$$\Phi = \frac{Ni}{\dfrac{l}{\mu_r\mu_0 A} + \dfrac{2x}{\mu_0 A}} = \frac{\mu_r\mu_0 ANi}{l + 2\mu_r x} \tag{4.77}$$

となるので

$$d\Phi = -\frac{2\mu_r^2\mu_0 ANi}{(l + 2\mu_r x)^2}dx \tag{4.78}$$

となる．貯蔵エネルギーの変化分は，$\dfrac{1}{2}Ni\Delta\Phi$ となるので，

$$f = -\frac{\mu_r^2\mu_0 AN^2 i^2}{(l + 2\mu_r x)^2} \tag{4.79}$$

の力が働く．負号は吸引力を示している．□

通常，電気回路では，電圧一定で考える場合が多い．ところで，例5では，電流一定として考えた．そのことについて考えてみる．図4.27のように電流電圧源と抵抗からなる回路において，L が $L+\varDelta L$ に変化することを考える．

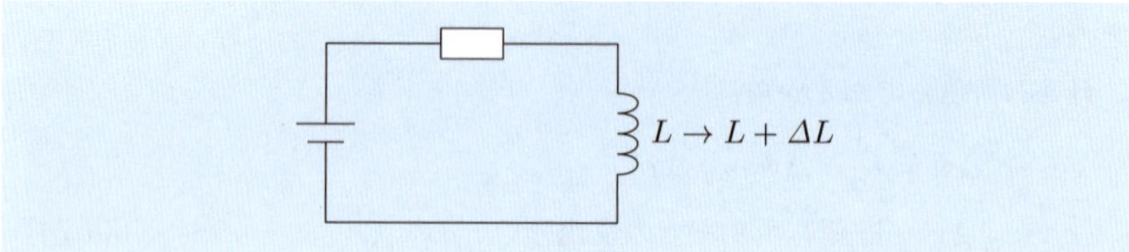

図4.27

変化前と変化後において電流は同じである(変化中は電流は変化するか?)．したがって，電流一定は，電圧一定の場合より現実的である．

では，電圧一定の仮定が成立するのは，どのようなときか考えてみよう．図4.28のように超電導マグネットに電流を流した後，短絡する．

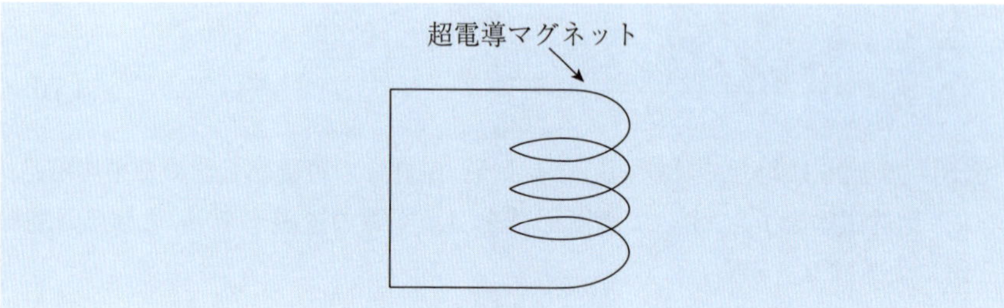

図4.28

この状態で電流は永久的に流れる(超電導に損失なし)．これを超電導マグネットの永久電流モードと呼んでいる．このときのマグネットの電圧は，外でどのようなことが生じようが0である．したがって，電圧は一定である[5]．

このような力を回転に利用したモータがあり，特に小型モータとして使用されている．この種のモータをリラクタンスモータと呼ぶ．

---

[5] 開発中の磁気浮上列車は超電導マグネットを用いている．この磁気浮上列車の力の計算には，この考え方をする(一般的な電磁石と永久磁石との違いを認識しなければならない)．

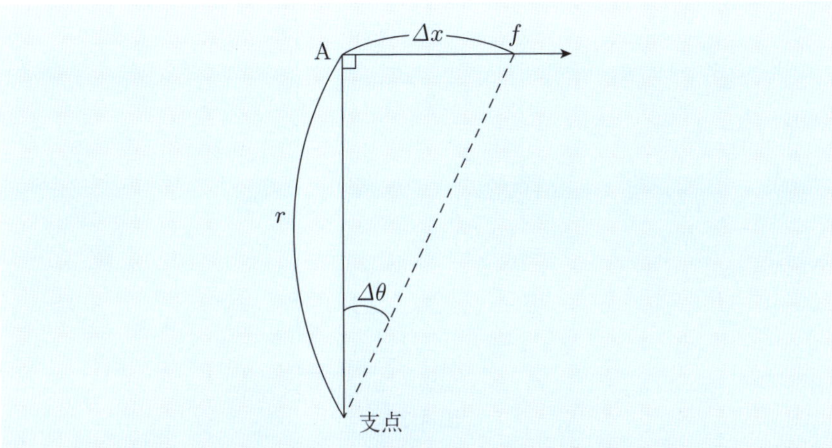

図 4.29

モータにとって，回転力 (トルク) が 1 つの仕様を決める．トルク T は，図 4.29 のように 1 つの支点から r だけ離れたところに f の力が r に直交したときに

$$T = fr \tag{4.80}$$

となる．式 (4.75) で求めた f は，貯蔵エネルギーを E とすると，

$$f = \frac{\partial E}{\partial x} \tag{4.81}$$

となる．いま，図 4.29 の A 点が Δx だけ動いたときを考えると，そのとき，支点から $\Delta\theta$ だけ A 点が動いたとする．

$\Delta x = r\Delta\theta$ より，

$$T = \frac{\partial E}{\partial \theta} \tag{4.82}$$

が得られ，トルク T は $T = \partial E/\partial\theta$ となる[6]．

例6 図 4.30 はリラクタンスモータの原理を示す．回転部の角度 θ に対して，巻線のインダクタンスは

---

[6] 電動機において回転角速度を ω，出力を P[W] とすると，$\omega T = P$ の関係となる $\left(\omega = \dfrac{d\theta}{dt},\ \dfrac{dE}{dt} = P \text{ より}\right)$．

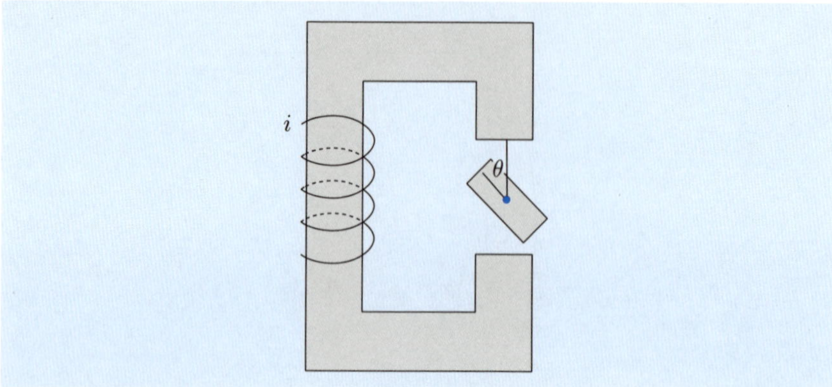

図 4.30

$$L = L_0 + \Delta L \cos\theta \tag{4.83}$$

と表されるとする．このときのトルクは，貯蔵エネルギーの変化が $\frac{1}{2}i^2 \Delta L \cos\theta$ となるので

$$T = \frac{\partial E}{\partial \theta} = -\frac{1}{2}i^2 \Delta L \sin\theta \tag{4.84}$$

となる． □

電界に働く力

図 4.31 のような平行平板に働く力を考える．磁界の場合と同じように

電源から供給させるエネルギーの変化分 = 仕事 + 貯蔵エネルギーの変化分

の関係から力 (f) を求める．

平行平板のコンデンサの静電容量は，$C = \varepsilon A/d$[F] と与えられる．ただし，A は平板面積 [m^2]，d は平板間の距離 [m] である．

平板間距離が Δd だけ増すと静電容量が ΔC 変化する．

$$\Delta C = \frac{\varepsilon A}{d + \Delta d} - \frac{\varepsilon A}{d} = -\frac{\varepsilon A}{d^2}\Delta d \tag{4.85}$$

図 4.31 のスイッチ S を閉じた状態での微小変化 Δd に対して，電荷が ΔQ だけ変化する．

$$\Delta Q = \Delta(CV) = V\Delta C = -\frac{\varepsilon A}{d^2}(\Delta d)\, V \tag{4.86}$$

このとき，電源からのエネルギーの供給を受ける．また，コンデンサの貯蔵

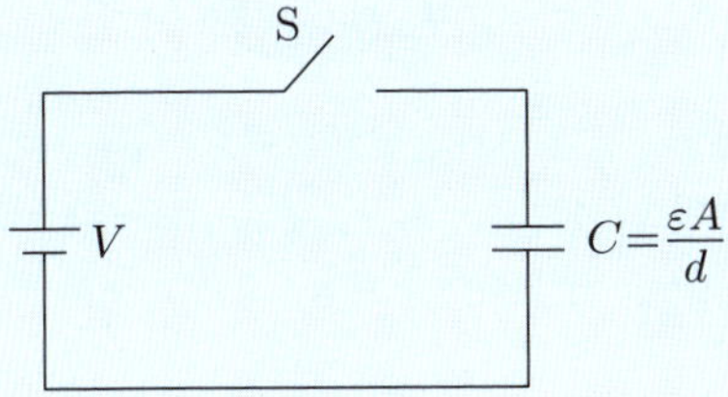

図 4.31

エネルギーは $-\dfrac{1}{2}\dfrac{\varepsilon A}{d^2}\Delta dV^2$ だけ変化する．よって，

$$-\frac{\varepsilon A}{d^2}\Delta dV^2 = f\cdot\Delta d - \frac{1}{2}\frac{\varepsilon A}{d^2}\Delta dV^2 \tag{4.87}$$

より，

$$f = -\frac{1}{2}\frac{\varepsilon A}{d^2}\Delta dV^2 \tag{4.88}$$

の力 (吸引力) が得られる．

図のスイッチを閉じ，再び開いた状態における力を考える．$Q=\dfrac{\varepsilon A}{d}V$ として，Δd の変化に対して電荷は変化しない．

スイッチSが開放されているので，電源からの供給エネルギーはない．貯蔵エネルギーの変化は Q が一定であるので，

$$\frac{1}{2}\frac{d+\Delta d}{\varepsilon A}Q^2 - \frac{1}{2}\frac{d}{\varepsilon A}Q^2 = \frac{1}{2}\frac{\Delta d}{\varepsilon A}Q^2 \tag{4.89}$$

よって，

$$0 = f\cdot\Delta d + \frac{1}{2}\frac{\Delta d}{\varepsilon A}Q^2 \tag{4.90}$$

より，

$$f = -\frac{1}{2}\frac{Q^2}{\varepsilon A} \tag{4.91}$$

となる．

電界による力で電圧一定が，磁界による力の電流一定と対応しており，また，電界による力の電荷一定が，磁界による力の電圧一定 (鎖交磁束一定) に対応している．ここでも〈双対〉の考え方が成り立つ．

4 章の問題

□**1**　誘電率 ε の誘導体からなる平行平板コンデンサを考える．平行平板間の絶対耐力を E[kV/cm] とし，V[kV] を印加すると，この平行平板コンデンサの $1\mathrm{m}^2$ 当たり最大となる静電容量を求めよ．ただし，$\varepsilon = 8 \times 8.85 \times 10^{-12}$[F/m], $E = 30$[kV/cm], $V = 10$[kV] とする．

□**2**　図 4.26(p.78) に示す装置において，磁性体の透磁率を ∞ としたときのインダクタンスを求めよ．ただし，磁束が通る断面積を $A[\mathrm{m}^2]$ とする．

□**3**　問題 2 で磁性体を通る磁路 (磁束が通る路) の長さを l[m] とし，磁性体の透磁率を μ としたときのインダクタンスはいくらか．

□**4**　問題 2 で，可動部に働く力を求めよ．

□**5**　$l = 20$[cm], $A = 1[\mathrm{cm}^2]$, $N = 20$[回], $i = 1$[A] として，問題 2, 3 の数値計算を行え．

5 交流回路

電圧や電流が変化する回路を考える．特に，周期的に変化する場合を考える．周期的変化は，フーリエ級数によると，その周期と整数分の周期に分け，各々正弦波表現できる．したがって，正弦波の電圧，電流変化を考えればよいことになる．本章では，定常現象のみを取り扱う．

5 章で学ぶ概念・キーワード

- インピーダンス，アドミッタンス
- 複素数
- 共振回路
- 電力，力率，無効電力

5.1 回路素子

電圧源，電流源，抵抗に加え，インダクタ(インダクタンスをもつもの)，キャパシタ(静電容量をもつもの)の5種類を考える．このとき，電圧電流ともに変化するからその瞬時の値として各々v, iの記号を用いる．

電圧源[1] $v = \sqrt{2}E\sin(\omega t + \phi)$

電流源[1] $i = \sqrt{2}I\sin(\omega t + \phi)$

抵　抗 $v = Ri, \quad i = Gv$

インダクタ $v = L\dfrac{di}{dt}, \quad i = \dfrac{1}{L}\displaystyle\int vdt$

キャパシタ $i = C\dfrac{dv}{dt}, \quad v = \dfrac{1}{C}\displaystyle\int idt$

の関係がある．各々の回路素子の記号を図5.1に示す．

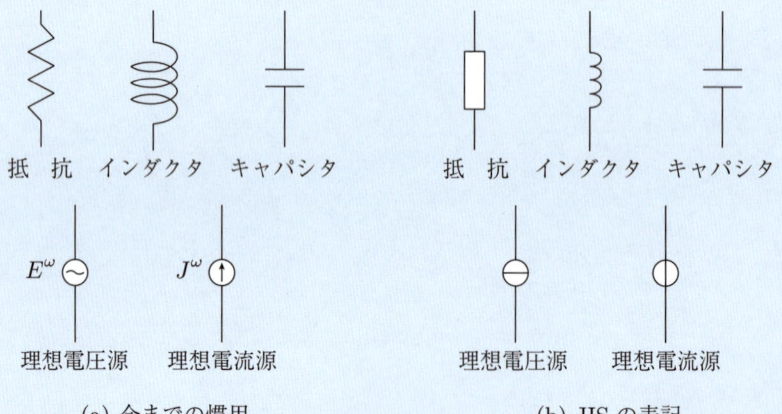

図5.1

[1] なぜ$\sqrt{2}$をつけるかは後程わかる．

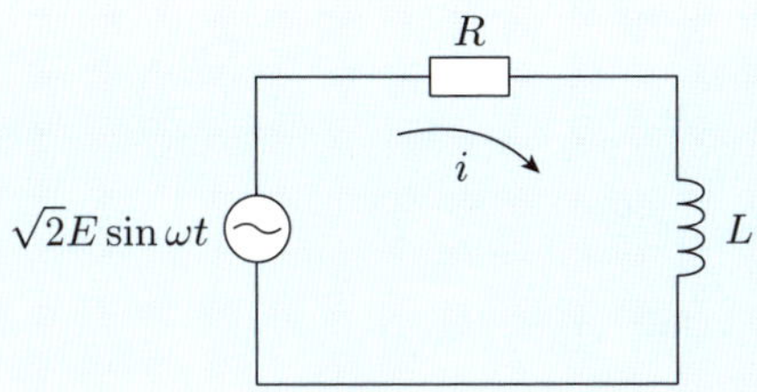

図 5.2

例1 簡単な回路を解いてみよう．

図 5.2 の回路において

$$\sqrt{2}E\sin\omega t = Ri + L\frac{di}{dt}$$

が成立する．ここで，定常現象を取り扱うことにすると，$i = \sqrt{2}I\sin(\omega t + \varphi)$ とおくことができる．したがって，

$$\begin{aligned}\sqrt{2}E\sin\omega t &= \sqrt{2}RI\sin(\omega t + \varphi) + \sqrt{2}\omega LI\cos(\omega t + \varphi)\\ &= \sqrt{2}\sqrt{R^2 + \omega^2 L^2}\,I\sin(\omega t + \varphi + \alpha)\end{aligned} \tag{5.1}$$

となる．ただし，

$$\tan\alpha = \frac{\omega L}{R}$$

したがって，両辺が等しいことにより，

$$\varphi = -\alpha, \quad I = \frac{E}{\sqrt{R^2 + \omega^2 L^2}}$$

が得られ，解が得られたことになる． □

例2 もう 1 つの例を考える．

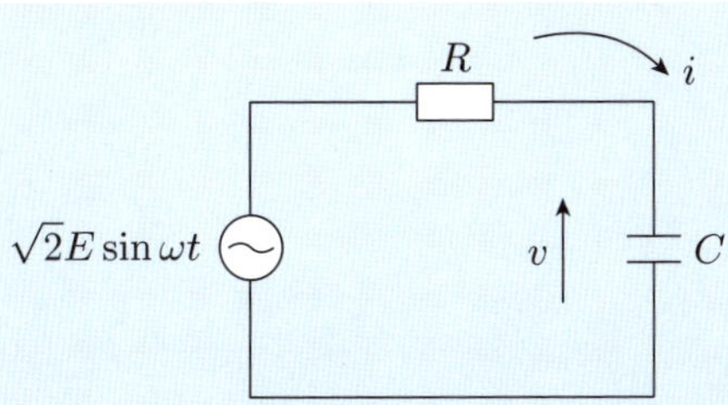

図 5.3

図 5.3 のように電圧電流を考える.

$$\sqrt{2}E\sin\omega t = Ri + v \quad \left(ただし, i = C\frac{dv}{dt}\right)$$
$$= RC\frac{dv}{dt} + v \tag{5.2}$$

例1 と同様に $v = \sqrt{2}V\sin(\omega t + \varphi)$ とする.

$$\sqrt{2}E\sin\omega t = RC\omega\cdot\sqrt{2}V\cos(\omega t + \varphi) + \sqrt{2}V\sin(\omega t + \varphi)$$
$$= \sqrt{2}V(\sqrt{1 + R^2C^2\omega^2})\sin(\omega t + \varphi + \alpha) \tag{5.3}$$

ただし,

$$\tan\alpha = RC\omega$$

したがって,

$$V = \frac{E}{\sqrt{1 + R^2C^2\omega^2}}, \quad \varphi = -\alpha \tag{5.4}$$

電流は,

$$i = C\frac{dv}{dt} \tag{5.5}$$

より

$$i = \frac{\sqrt{2}\omega CE}{\sqrt{1 + R^2C^2\omega^2}}\cos(\omega t - \alpha)$$
$$= \frac{\sqrt{2}\omega CE}{\sqrt{1 + R^2C^2\omega^2}}\sin\left(\omega t + \frac{\pi}{2} - \alpha\right) \tag{5.6}$$

となる. □

以上，2 つの場合の電源の電圧と電流の変化を図示すると，R と L が直列の場合は図 5.4(a)，R と C が直列の場合は図 5.4(b) となる．

図 5.4(a) のとき，電流は電圧に“遅れている”といい，図 5.4(b) のとき，電流は電圧より“進んでいる”という．この“遅れ”“進み”は交流回路においての用語である．

さて，簡単な回路でも直流回路に比べると，やや計算が複雑である．これを簡単にするために複素数を回路計算に導入する．

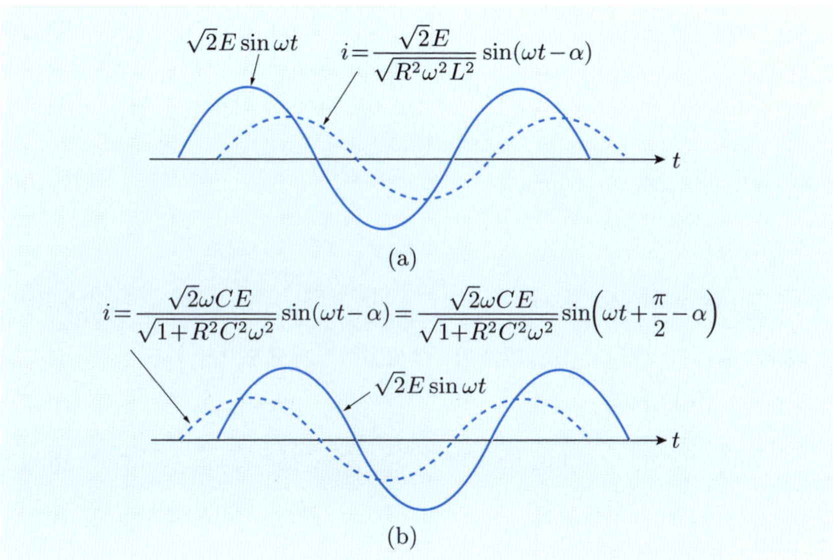

図 5.4

5.2 複素数

一般に，複素数の虚数単位は記号 i が使用される ($i^2 = -1$)．電気回路において，i は電流の記号とされてしまったので，虚数単位は j としている．複素数 C は，直角座標表現として

$$C = a + jb \quad (a, b \text{ は実数}) \tag{5.7}$$

ここで，a を実部，b 虚部という．

また，極座標表現として，

$$C = re^{j\theta} \quad (r, \theta \text{は実数}) \tag{5.8}$$

と表される．また，オイラーの定理により，

$$e^{j\theta} = \cos\theta + j\sin\theta \tag{5.9}$$

となる．したがって，

$$\sin\omega t = \mathrm{Im}\{e^{j\omega t}\} \tag{5.10}$$

と表現できる．ただし，Im{複素数} は複素数の虚部を意味する．

すると，(5.1) 式は

$$\mathrm{Im}\{\sqrt{2}Ee^{j\omega t}\} = \mathrm{Im}\{R\sqrt{2}Ie^{j(\omega t+\varphi)} + j\sqrt{2}I\cdot\omega Le^{j(\omega t+\varphi)}\} \tag{5.11}$$

となる．ただし，$\dfrac{de^{j\omega t}}{dt} = j\omega e^{j\omega t}$．

$$\begin{aligned}\sqrt{2}E\,\mathrm{Im}\{e^{j\omega t}\} &= \sqrt{2}I\,\mathrm{Im}\{(R + j\omega L)e^{j(\omega t+\varphi)}\} \\ &= \sqrt{2}I\,\mathrm{Im}\{(\sqrt{R^2 + \omega^2L^2})e^{j\alpha}e^{j(\omega t+\varphi)}\} \\ &(\text{ただし}, \tan\alpha = \omega L/R)\end{aligned} \tag{5.12}$$

したがって，当然ではあるが，同様の解が得られる．この計算も複雑である．しかし，中での計算を見ると，

$$E = (R + j\omega L)Ie^{j\varphi} \tag{5.13}$$

の計算をしている．

$$Ie^{j\varphi} = \dot{I} \tag{5.14}$$

のようにドットをつけて複素数であることにする．電圧源の電圧も同様にドットをつけて $\dot{E} = Ee^{j0}$ と表現すれば，

$$\dot{I}(R + j\omega L) = \dot{E} \tag{5.15}$$

の計算をしていることになる．複素数の計算をしていることにより

$$\begin{aligned}\dot{I} &= \frac{\dot{E}}{R + j\omega L} \\ &= \frac{\dot{E}}{\sqrt{R^2 + \omega^2 L^2}} e^{-j\alpha}\end{aligned} \tag{5.16}$$

が得られる．ただし，$\tan\alpha = \omega L/R$ である．

このようにインダクタンス L を $j\omega L$ として抵抗のように扱えば，求めたい電流の大きさ $\dfrac{E}{\sqrt{R^2 + \omega^2 L^2}}$ とその位相 α が求まることになる．

式 (5.12) より，時間の関数に変換して，

$$i = \frac{\sqrt{2}E}{\sqrt{R^2 + \omega^2 L^2}} \sin(\omega t - \alpha) \tag{5.17}$$

と求まる．

電気回路の計算において，振幅と位相がわかることが重要であるので，上式のように時間の関数に変更することは必要でない．そこで，複素数の計算結果を最終結果として処理することが習慣となっている．

なお，結果を複素数のままで表現するか，その絶対値と位相まで求めるかは要求された課題に対して適当に判断する．

また，計算結果において，$\sqrt{2}$ を省略する[2)]．

例3 **例2** に対しては，

$$i = C\frac{dv}{dt} \tag{5.18}$$

であるから

$$\dot{I} = j\omega C\dot{V} \tag{5.19}$$

と考え，$j\omega C$ はコンダクタンスとして取り扱う．

---

2) $\sqrt{2}$ については後程述べる．

$$\dot{E} = R\dot{I} + \frac{1}{j\omega C}\dot{I} \tag{5.20}$$

$$\dot{I} = \frac{j\omega C}{1 + j\omega CR}\dot{E} \tag{5.21}$$

これで，1つの解の表現が終了する．絶対値と位相が要求された場合は，

$$|\dot{I}| = \frac{\omega C}{\sqrt{1 + (\omega CR)^2}}|E| \quad (\text{絶対値 (大きさ)}) \tag{5.22}$$

位相は

$$\tan\alpha = \frac{1}{\omega CR} \tag{5.23}$$

となる． □

以上，まとめると，複素数を用いて，

$R \to R$	$G \to G$
$L \to j\omega L$ $C \to \dfrac{1}{j\omega C}$	$L \to \dfrac{1}{j\omega L}$ $C \to j\omega C$

として，直流回路の実数演算と同様に，交流回路では複素数演算を行う．

直流回路において，電圧 V，電流 I の関係は，

$$V = RI \quad \text{または} \quad I = GV \tag{5.24}$$

となる．一方，交流回路において，(複素) 電圧 $\dot{V}$，(複素) 電流 $\dot{I}$ の関係を

$$\dot{V} = \dot{Z}\dot{I}, \quad \dot{I} = \dot{Y}\dot{V} \tag{5.25}$$

とする．$\dot{Z}$ を複素インピーダンスと称し，$\dot{Z}$ の絶対値を**インピーダンス**という．また，$\dot{Y}$ を複素アドミッタンスと称し，$\dot{Y}$ の絶対値を**アドミッタンス**という．

図5.5のように，R と L が直列回路の場合，複素インピーダンス，複素アドミッタンスは，各々

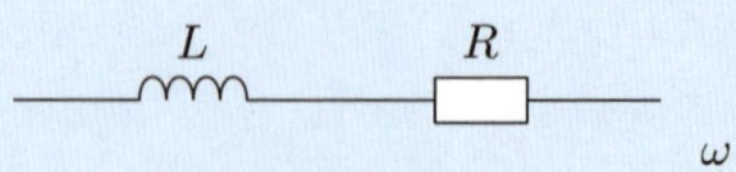

図 5.5

$$\dot{Z} = R + j\omega L \tag{5.26}$$

$$\dot{Y} = \frac{1}{R + j\omega L} = \frac{R - j\omega L}{R^2 + (\omega L)^2} \tag{5.27}$$

となる．インピーダンス，アドミッタンスは，

$$|\dot{Z}| = |R + j\omega L| = \sqrt{R^2 + (\omega L)^2} \tag{5.28}$$

$$|\dot{Y}| = \left|\frac{1}{R + j\omega L}\right| = \frac{1}{\sqrt{R^2 + (\omega L)^2}} \tag{5.29}$$

となる．また，一般に $\dot{Z}, \dot{Y}$ は，各々

$$\dot{Z} = R + jX \tag{5.30}$$

$$\dot{Y} = G + jB \tag{5.31}$$

と表される．R を抵抗，X を**リアクタンス** (インピーダンスの虚部)，G をコンダクタンス，B を**サセプタンス** (アドミッタンスの虚部) と称する．

交流回路の電圧，電流の計算

複素数計算を行い，直流回路で述べた様々な性質 (直列，並列，Δ–Y 変換，重ね合わせの理などの諸定理) はすべて成り立つ．ただし，電力の計算 (後述) を除く．

例題 5.1

図 5.8 の回路において，電源電圧 $\dot{E}$ と $\dot{I}$ が同相となる．キャパシタ C の静電容量を求めよ．

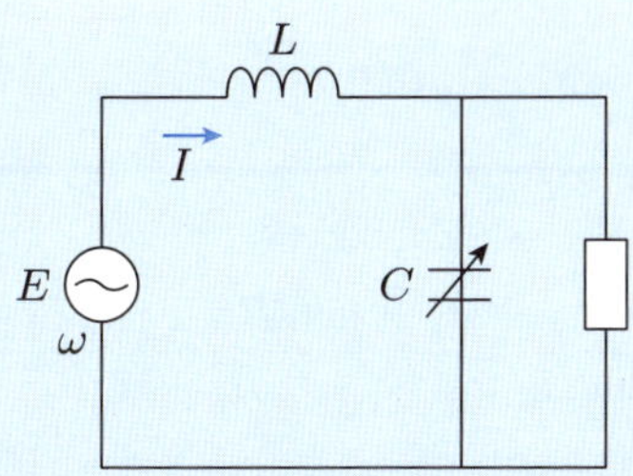

図 5.6

【解答】 合成インピーダンスは

$$\begin{aligned} & j\omega L + \frac{1}{\dfrac{1}{R} + j\omega C} \\ &= j\omega L + \frac{R}{1 + j\omega CR} = \frac{R(1-\omega^2 LC) + j\omega L}{1 + j\omega CR} \\ &= \frac{R(1-\omega^2 LC) + \omega^2 LCR + j\omega L - j\omega CR^2(1-\omega^2 LC)}{1 + (\omega CR)^2} \end{aligned}$$

である．電圧と電流が同相であることから $\dot{Z}$ は実数となる．よって，

$$\omega L - \omega CR^2(1-\omega^2 LC) = 0$$

したがって，

$$C = \frac{R \pm \sqrt{R^2 - 4\omega^2 L^2}}{2\cos\omega^2 LR}$$

ただし，$R^2 \geq 4\omega^2 L^2$ の条件が必要．■

例題 5.2

図 5.7 の回路において，電源に流れる電流を電圧と同相にしたい．コンデンサ C の静電容量をいくらにすればよいか．

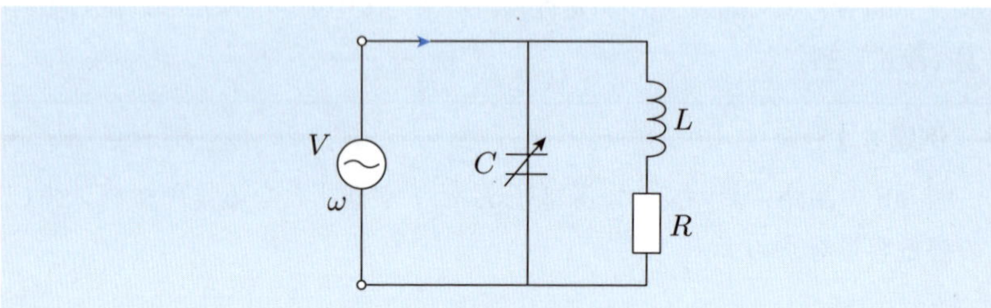

図 5.7

【解答】 電源から見たアドミッタンス $\dot{Y}$ は

$$\dot{Y} = j\omega C + \frac{1}{R + j\omega L} = \frac{R + j\omega CR^2 - j\omega L(1-\omega^2 LC)}{R^2 + (\omega L)^2}$$

同相の条件より，$\dot{Y}$の虚部 $= 0$．

よって，$C = \dfrac{L}{R^2 + \omega^2 L^2}$ となる．■

5.3 ベクトル (フェーザ) 図

交流回路において複素数の計算を行うが，それを理解しやすいように，複素平面上で表現することが考えられている．

例えば，図 5.8 のような回路における電圧，電流を考える．

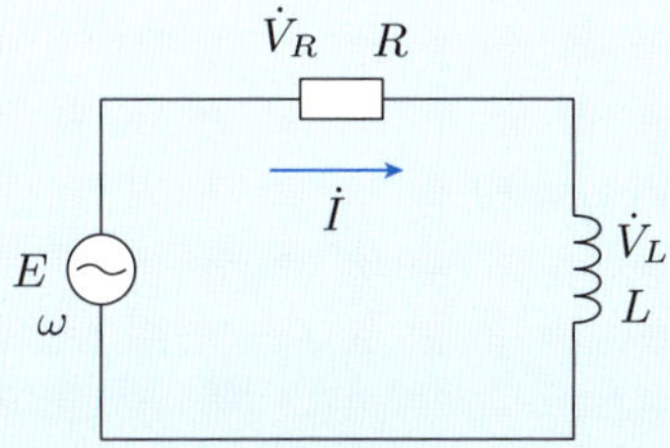

図 5.8

ここで

$$\dot{E} = \dot{V}_R + \dot{V}_L$$

$$\dot{V}_R = R\dot{I}$$

$$\dot{V}_L = j\omega L\dot{I}$$

$$\tan\alpha = \frac{\omega L}{R}$$

を考えると，$\dot{V}_R$ は $\dot{I}$ と平行，$\dot{V}_L$ は $\dot{I}$ と直交となり，電圧，電流等の複素平面上の点として描ける．

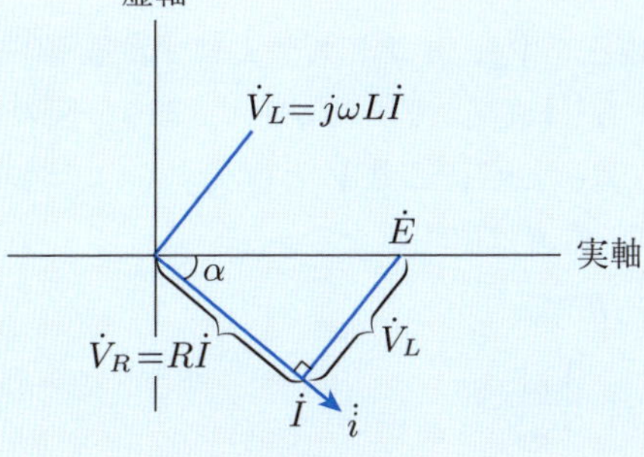

図 5.9

このとき，$\dot{E}, \dot{I}, \dot{V}_R, \dot{V}_L$ 等の相対的関係だけが必要であるので，実軸，虚軸を消去して，原点からそれらの点までを位置ベクトルのように記述する．このようにして，描いた図をベクトル図と呼んでいる．しかし，正確にはベクトル図ではないのでフェーザ図と呼ぶ場合もある．

このベクトル図を描くと次のようになる..

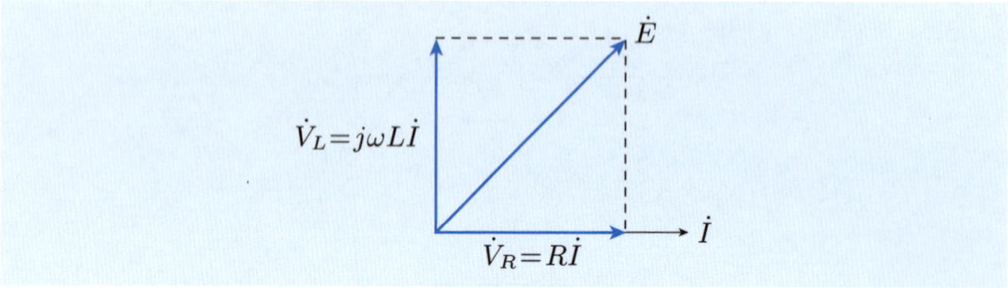

図 5.10

例4 前節の例題 5.2 をベクトル図を用いて解く．

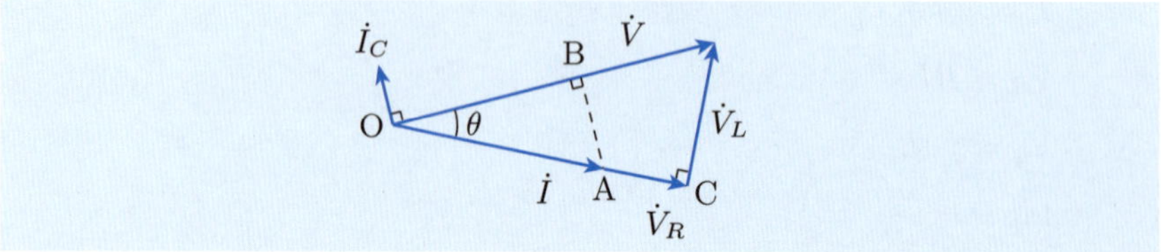

図 5.11

RL 直列回路に流れる電流を $\dot{I}$ とすると，$\dot{I}$ と $\dot{V}$ は図 5.11 となる (電流 $\dot{I}$ は電圧 $\dot{V}$ に対して遅れている)．

抵抗 R にかかる電圧を $\dot{V}_R$，インダクタ L にかかる電圧を $\dot{V}_L$ とすると，$\dot{V}_R$ と $\dot{I}$ は同相，$\dot{V}_R$ と $\dot{I}_L$ は直交，$\dot{V} = \dot{V}_R + \dot{V}_L$ より，図のようにかける．コンデンサ C の電流 $\dot{I}_C$ は，$j\omega C\dot{V}$ より $\dot{V}$ と直交するので図のようになる．$\dot{I}_C$ と $\overline{\mathrm{AB}}$ が等しくなれば，電流は同相となる．

$$|\mathrm{AB}| = |\dot{I}|\sin\theta$$

$$\tan\theta = \frac{\omega L}{R} = \frac{|\dot{V}_L|}{|\dot{V}_R|}$$

より，

$$\sin\theta = \frac{\omega L}{\sqrt{R^2+\omega^2 L^2}}$$

となり，

$$|\dot{I}| = \frac{|\dot{V}|}{\sqrt{R^2+\omega^2 L^2}}$$

より，

$$|\mathrm{AB}| = \frac{\omega L|\dot{V}|}{R^2+\omega^2 L^2}$$

$$|\dot{I}_C| = \omega C|\dot{V}|$$

より，

$$C = \frac{L}{R^2+\omega^2 L^2}$$

と，複素数の計算なしに求まる [3].

電流 $\dot{I}$ のベクトルから $\dot{V}_R, \dot{V}_L$ のベクトルをかき ($\dot{V}_L = j\omega L\dot{I}$ より，$\dot{V}_L$ は $\dot{I}$ に直交している [90° 進んでいる])，その和 $\dot{V}$ をかくと便利である．このベクトル図は，元来，複素計算が苦手な人に対して考案されたものと思われるが，視覚的で便利なものである． □

[3] 複素数の計算とベクトル図と，どちらが便利かは習得によるが，ベクトル図も視覚的であり，便利である．

5.4 電力の表現

電力瞬時値 p は，電圧の瞬時値 e と，電流の瞬時値 i の積で与えられる．

$$e = \sqrt{2}E\sin\omega t, \quad i = \sqrt{2}I\sin(\omega t - \phi) \tag{5.32}$$

とすると，

$$\begin{aligned} p = ei &= 2EI\sin\omega t\sin(\omega t - \phi) \\ &= EI\{\cos\phi + \sin(2\omega t - \phi)\} \end{aligned} \tag{5.33}$$

となる．このように交流回路の電力の瞬時値は変化している．平均電力を P[W] とすると，

$$P = EI\cos\phi$$

である．ここに電圧・電流の**実効値** E, I の意味がある．また，$\cos\phi$ は**力率**と呼ばれる．また，EI を**皮相電力**と呼び，単位は [VA] (ボルトアンペア，またはブイエイ) である．$EI\sin\phi$ を定義し，これを**無効電力**と呼び，単位は [VAR](ボルトアンペアリアクティブ，またはバール) である．交流回路で電力は，通常この平均電力を示す．また，無効電力に対して**有効電力**と称する場合も多い．

以上の計算を複素数を用いて，便宜的に計算する．

$$\dot{E} = E, \quad \dot{I} = Ie^{-j\phi} \tag{5.34}$$

となるので，$*$ を共役複素数を示すものとして，

$$\dot{P} = E^*\dot{I} \tag{5.35}$$

なる計算をすると，

$$\dot{P} = EIe^{-j\phi} = EI(\cos\phi - j\sin\phi) \tag{5.36}$$

となり，$\dot{P}$ の実部は平均電力を示し，虚部は無効電力を表す．$\dot{P}$ を複素電力と呼び，$|\dot{P}|$ は皮相電力となる．この複素電力は，電気回路の定義である．電流が電圧に対して遅れていると，無効電力は負となる．

電力分野では，電流は電圧に対して遅れている場合が多い．このとき，上述の複素電力で無効電力が負となる．これを正とするため，

$$\dot{P} = \dot{E}\dot{I}^* \tag{5.37}$$

で定義する．

例題 5.3

図 5.12 の回路の消費電力を求めよ．

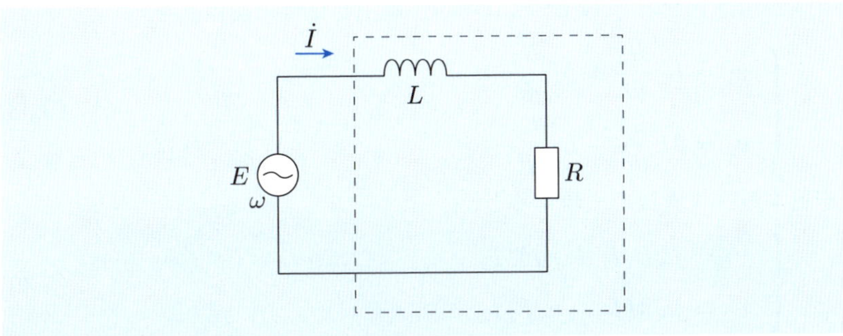

図 5.12

【解答】 インピーダンスは，$\dot{Z} = R + j\omega L$ であるから，電流は

$$\dot{I} = \frac{E}{R + j\omega L}$$

複素電力 $\dot{P}$ は

$$\dot{P} = E^* \frac{E}{R + j\omega L} = \frac{|E|^2(R - j\omega L)}{R^2 + (\omega L)^2}$$

よって，消費電力は

$$\frac{|E|^2 R}{R^2 + (\omega L)^2}$$

となる．

一方，電力消費は抵抗のみで発生し，抵抗の両端の電圧 $\dot{V}_R = R\dot{I}$ であるから

$$\dot{P} = \dot{V}_R^* \dot{I} = R\dot{I}^* \dot{I} = R|\dot{I}|^2 = \frac{|E|^2 R}{R^2 + (\omega L)^2}$$

となり，当然上の結果と一致する． ■

注意 以上のように，交流回路ではインダクタ L は電力消費がないにもかかわらず，インダクタ L のあるなしで抵抗 R の消費電力が変わることに注意が必要． □

5.5 相互誘導を含む回路の計算

4章で示したように，2つのコイルを用いて相互インダクタンスを作ることができる．これを含む回路を考える．

図5.13のように，電圧・電流を定義し，自己インダクタンス，相互インダクタンスが示されたとき（● 記号に注意），電圧と電流の関係式を

$$\begin{cases} v_1 = L_1 \dfrac{di_1}{dt} + M\dfrac{di_2}{dt} \\ v_2 = M\dfrac{di_1}{dt} + L_2\dfrac{di_2}{dt} \end{cases} \tag{5.38}$$

と定義する．複素数で表現すると，

$$\begin{cases} \dot{V}_1 = j\omega L_1 \dot{I}_1 + j\omega M \dot{I}_2 \\ \dot{V}_2 = j\omega M \dot{I}_1 + j\omega L_2 \dot{I}_2 \end{cases} \tag{5.39}$$

となる．図5.13を相互誘導素子という．$L_1L_2 - M^2 \geq 0$ の関係があり，等号のとき，完全結合と呼ぶ．

$$k = \frac{M}{\sqrt{L_1L_2}}$$

と定義し，これを結合係数と呼ぶ．

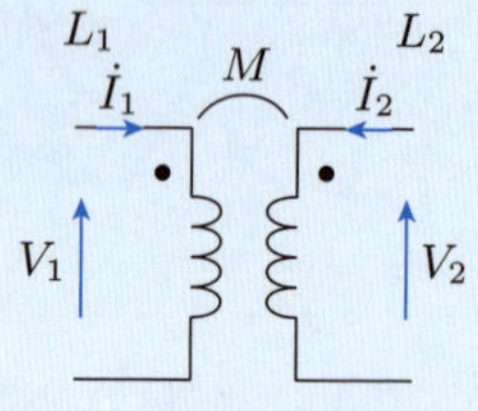

図5.13

例題 5.4

図 5.14 の回路の R_1 に流れる電流を求めよ．

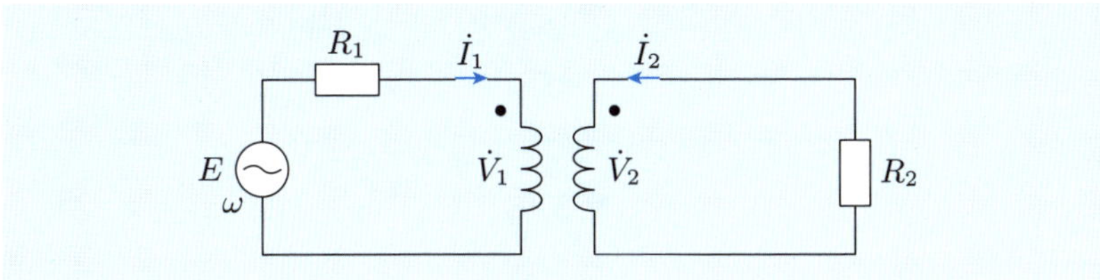

図 5.14

【解答】 図 5.14 のように電圧・電流を定義する．

$$\dot{E} - \dot{V}_1 = -R_1\dot{I}_1$$
$$\dot{V}_2 = -R_2\dot{I}_2$$
$$\dot{V}_1 = j\omega L_1\dot{I}_1 + j\omega M\dot{I}_2$$
$$\dot{V}_2 = j\omega M_1\dot{I}_1 + j\omega M\dot{I}_2$$

これより，$\dot{V}_1, \dot{V}_2, \dot{I}_2$ を消去し，

$$\dot{I}_1 = \frac{R_2 + j\omega L_2}{R_1R_2 - \omega^2(L_1L_2 - M^2) + j\omega(L_1R_2 + R_1L_2)}E \tag{5.40}$$

を得る． ■

参考 しかし，上の計算には少し手を煩わせなければならない (これは電気回路の精神に反する)．

そこで，式 (5.39) を変更して

$$\begin{aligned}\dot{V}_1 &= j\omega L_1\dot{I}_1 - j\omega M\dot{I}_1 + j\omega M\dot{I}_1 + j\omega M\dot{I}_2\\ &= j\omega(L_1 - M)\dot{I}_1 + j\omega M(\dot{I}_1 + \dot{I}_2)\\ \dot{V}_2 &= j\omega M\dot{I}_1 + j\omega M\dot{I}_2 - j\omega M\dot{I}_2 + j\omega L_2I_2\\ &= j\omega M(\dot{I}_1 + \dot{I}_2)\dot{I}_1 + j\omega L(L_2 - M)I_2\end{aligned}$$

これは，図 5.15 の回路に同じである．この回路を相互誘導素子の等価回路という [4]．

[4] 回路の電圧・電流の計算はこの回路で行ってよい．端子 1 側と 2 側が等価回路では共通端子となっているが，原回路は共通端子がないことは注意すべき!

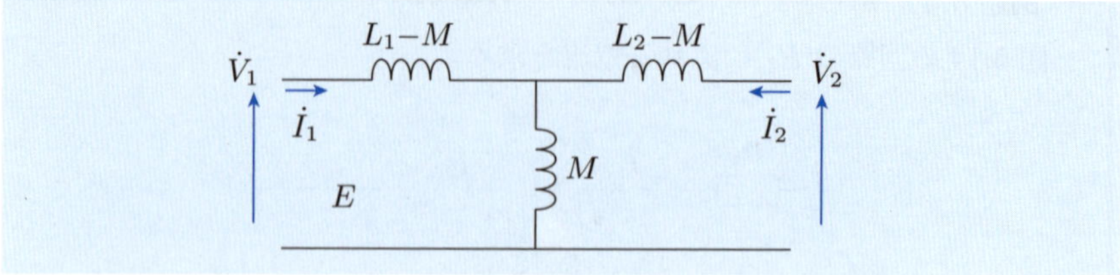

図 5.15

普通の計算を行えば，式 (5.40) と同じ結果となる．つまり，電源から見たインピーダンスは

$$Z = R_1 + j\omega(L_1 - M) + \cfrac{1}{\cfrac{1}{j\omega M} + \cfrac{1}{R_2 + j\omega(L_2 - M)}}$$
$$= \frac{R_1R_2 - \omega^2(L_1L_2 - M^2) + j\omega(L_1R_2 + R_1L_2)}{R_2 + j\omega L_2} \qquad \square$$

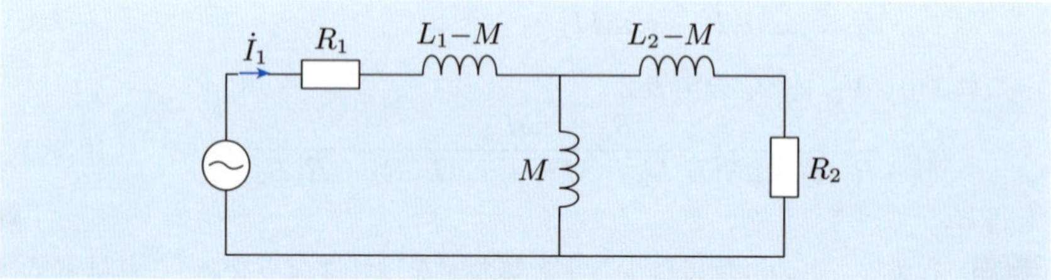

図 5.16

チェック問題 5.1 相互誘導素子はどのようなときに有効かを考えよ． □

5.6　最大電力の求め方

図 5.17 の回路において，R_L, X_L が変化するとき，R_L が消費する電力が最大となる条件を考える．

R_L の消費電力は

$$P_L = R_L \left| \frac{E}{R_0 + R_L + j(X_0 + X_L)} \right|^2 = \frac{R_L|E|^2}{(R_0 + R_L)^2 + (X_0 + X_L)^2} \tag{5.41}$$

である．負荷の条件として以下の 4 つが考えられる．

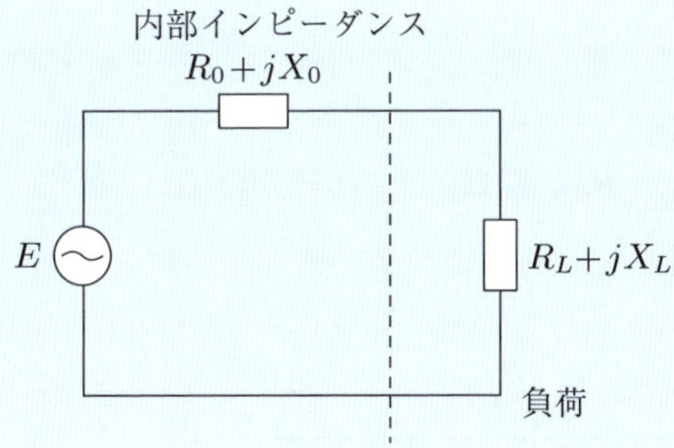

図 5.17

① X_L のみが変化する．

② R_L のみが変化する．

③ R_L,X_L ともに変化する．

④ $\dfrac{X_L}{R_L}$ を一定として R_L, X_L が変化する．

• ① の場合，式 (5.41) より，明らかに

$$X_L = -X_0 \text{のとき最大} \tag{5.42}$$

注意 リアクタンスは正負がある．例えば，$j\omega C$ と $\dfrac{1}{j\omega C} = -j\dfrac{1}{\omega C}$

• ② の場合，

$$\frac{\partial P_L}{\partial R_L} = \frac{(R_0 + R_L)^2 + (X_0 + X_L)^2 - R_L \cdot 2(R_0 + R_L)}{\{(R_0 + R_L)^2 + (X_0 + X_L)^2\}^2} \cdot |E|^2$$

$$= \frac{R_0^2 - R_L^2 + (X_0 + X_L)^2|E|^2}{\{(R_0 + R_L)^2 + (X_0 + X_L)^2\}^2} = 0 \tag{5.43}$$

より，

$$R_L^2 = R_0^2 + (X_0 + X_L)^2$$

- ③ の場合まず，$X_L = -X_0$ より，

$$P_L = \frac{R_L E}{(R_0 + R_L)^2} \tag{5.44}$$

これより，

$$R_L = R_0$$

よって，

$$R_L = R_0, \quad X_L = -X_0$$

- ④ の場合，$\dfrac{X_L}{R_L} = K$ として

$$X_L = KR_L$$

したがって，

$$P_L = \frac{R_L|E^2|}{(R_0 + R_L)^2 + (X_0 + KR_L)^2}$$

$$\frac{\partial P_L}{\partial R_L}$$

$$= \frac{(R_0 + R_L)^2 + (X_0 + KR_L)^2 - R_L\{2(R_0 + R_L) + 2K(X_0 + KR_L)\}}{\{(R_0 + R_L)^2 + (X_0 + KR_L)^2\}^2}$$

$$= \frac{R_0^2 - R_L^2 + X_0^2 - K^2 R_L^2}{\{(R_0 + R_L)^2 + (X_0 + KR_L)^2\}^2} \tag{5.45}$$

より，

$$R_L^2 + K^2 R_L^2 = R_0^2 + X_0^2$$

つまり，

$$R_L^2 + X_L^2 = R_0^2 + X_0^2$$

となる．

② の場合は X_L が変化しないので，電源側のインピーダンスに含めると考え，

$$R_L = \sqrt{R_0^2 + (X_0 + X_L)^2}$$

とインピーダンスを一致させることになる．④ の場合も

$$\sqrt{R_L^2 + X_L^2} = \sqrt{R_0^2 + X_0^2}$$

と負荷とインピーダンスを一致させる．

例5　図 5.18 のように，電流源と内部アドミッタンスと負荷アドミッタンスの例を考える．

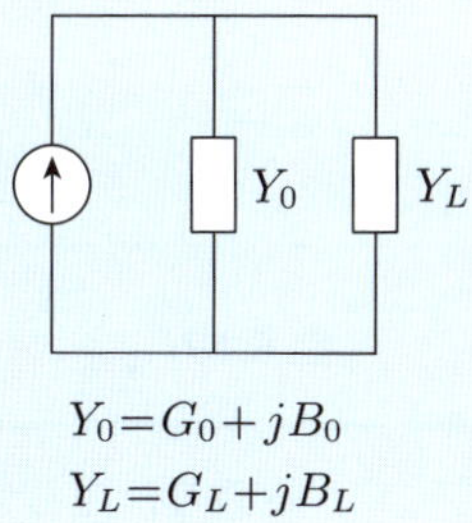

図 5.18

この場合も同様に場合分けする．

- ① B_L のみ変化するとき，

$$B_L = -B_0 \tag{5.46}$$

- ② G_L のみ変化するとき，

$$G_L = \sqrt{G_0^2 + (B_0 + B_L)^2} \tag{5.47}$$

- ③ G_L と B_L ともに変化するとき，

$$G_L = G_0, \quad B_L = -B_0 \tag{5.48}$$

- ④ $\dfrac{B_L}{G_L}$ が一定で，G_L, B_L が変化するとき，

$$\sqrt{G_L^2 + B_L^2} = \sqrt{G_0^2 + B_0^2} \tag{5.49}$$

が答えとなる．□

✔**チェック問題 5.2**　式 (5.49) を導け．　□

例題 5.5

図 5.19 の回路で，R_L の消費電力を最大にするときの R_L と L_L の値を求めよ．

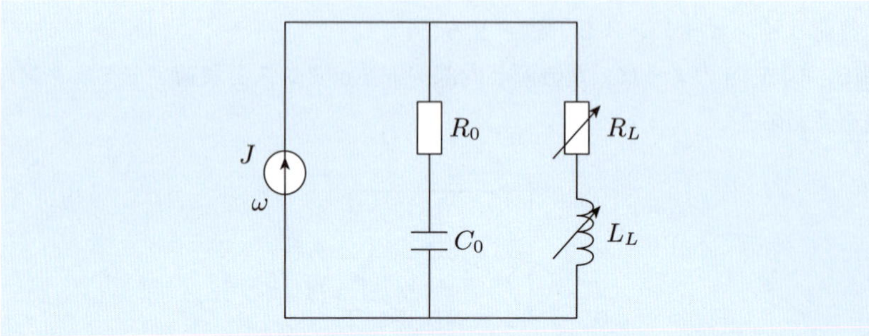

図 5.19

【解答】　負荷が直列で各々変化できるので，電源側をテブナン等価回路にする (図 5.20 参照)．E の値は計算しなくてよい．したがって解は，

$$R_L = R_0, \quad \omega L_L = \frac{1}{\omega C_0}$$

■

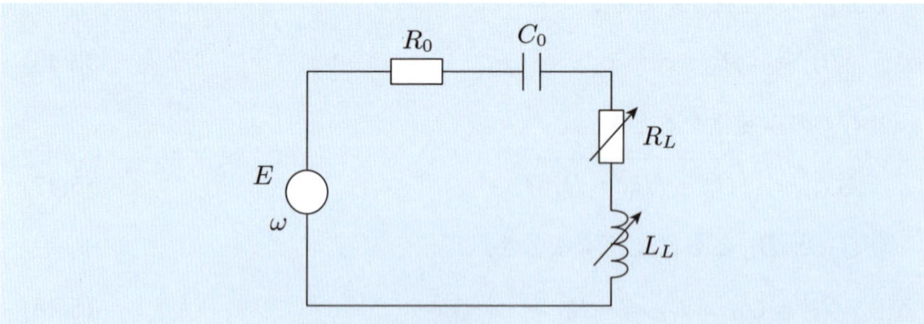

図 5.20

例題 5.6

図 5.21 の回路で，R_L, C_L がともに変化するときの R_L の消費電力が最大となる条件を求めよ．

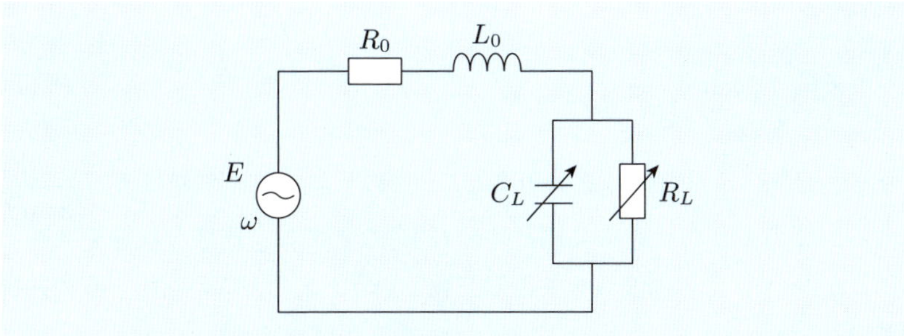

図 5.21

【解答】 この場合，負荷が並列で変化するので，電源側をノートンの等価回路とすると計算が楽である．

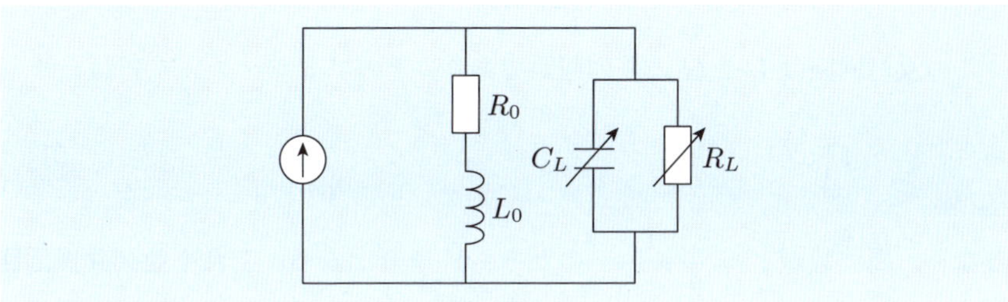

図 5.22

$$\frac{1}{R_0 + j\omega L_0} = \frac{R_0 - j\omega L_0}{R_0^2 + (\omega L_0)^2}$$

$$\frac{1}{R_L} = \frac{R_0}{R_0^2 + (\omega L_0)^2}$$

$$\omega C_L = \frac{\omega L_0}{R_0^2 + (\omega L_0)^2}$$

が解となる． ■

5.7 共振回路

図 5.23 のようなインダクタ L とキャパシタ C からなる直列回路を考える．この合成インピーダンスは

$$\dot{Z} = j\left(\omega L - \frac{1}{\omega C}\right) \tag{5.50}$$

となり，$\omega L = \dfrac{1}{\omega C}$ のとき，$\dot{Z} = 0$ となる．このとき，v の周波数は $f = \dfrac{1}{2\pi\sqrt{LC}}$ である．このような状態を共振と呼び (物理などでは，同様な状態を共鳴と呼ぶことが多い)，その周波数を共振周波数という．また，この回路を**直列共振回路**という．

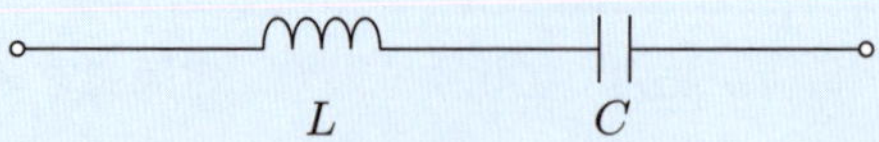

図 5.23

この双対回路は L と C の並列回路であり，そのアドミッタンス $\dot{Y}$ は，

$$\dot{Y} = j\left(\omega C - \frac{1}{\omega L}\right) \tag{5.51}$$

となり，周波数が $f = \dfrac{1}{2\pi\sqrt{LC}}$ のとき，$\dot{Y} = 0$ となる．これを**並列共振回路**という．

実際にコイルとコンデンサを用いて，共振回路を作成したときには，直列共振回路で，$Z = 0$ とならない．これは，コイルやコンデンサに損失があるからである．このことを考えてみる．損失を考慮すると，直列共振回路は，図 5.24 のようになる．

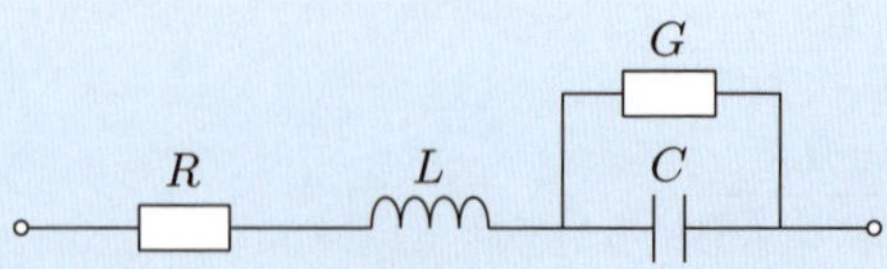

図 5.24

R はコイルの巻線の抵抗，G は誘電体損を示す．詳しく述べれば，コイルの巻線間の誘電体や，損失も考慮すべきであるが，それは小さく，無視できる．また，G も小さく無視できるとして，図 5.25 の回路で考える場合が多い．

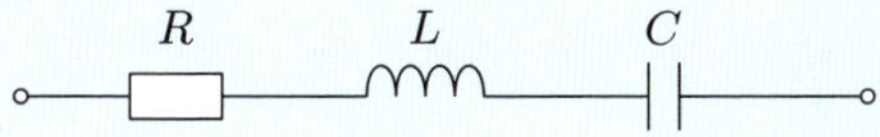

図 5.25

このインピーダンスは，

$$\dot{Z} = R + j\left(\omega L - \frac{1}{\omega C}\right)$$

$$Z = \sqrt{R^2 + \left(\omega L - \frac{1}{\omega C}\right)^2} \tag{5.52}$$

Z は $\omega_0 = \dfrac{1}{\sqrt{LC}}$ のとき，最小値 R となる．このときのキャパシタ C にかかる電圧 V_C は，共振回路全体の電圧を E とすると，

$$V_C = \frac{E}{\omega_0 CR} = \frac{\omega_0 LE}{R} \tag{5.53}$$

となる．

$\omega_0 L/R$ を Q とすると，Q 倍の電圧がかかる．この Q を用いて，コイル評価を行う (Q は quality factor の Q から出ている)．

この Q の値は以下のような色々な物理的意味を持つ．

角周波数が ω のときの複素インピーダンスは，ω_0 と Q を用いて

$$Z = \frac{\omega_0 L}{Q} + j\omega_0 L\left(\frac{\omega}{\omega_0} - \frac{\omega_0}{\omega}\right) \tag{5.54}$$

と表せる．

ここで，$\omega = \omega_0 + \Delta\omega$, $\dfrac{\Delta\omega}{\omega_0} \ll 1$ とすると，

$$\frac{\omega}{\omega_0} = 1 + \frac{\Delta\omega}{\omega_0}$$

$$\frac{\omega_0}{\omega} = \frac{\omega_0}{\omega_0 + \Delta\omega} = \frac{1}{1 + \dfrac{\Delta\omega}{\omega_0}} \simeq 1 - \frac{\Delta\omega}{\omega_0} \tag{5.55}$$

となるので，

$$\dot{Z} = \omega_0 L \left(\frac{1}{Q} + 2j\frac{\Delta\omega}{\omega_0} \right) \tag{5.56}$$

また，$\Delta\omega = \dfrac{\omega_0}{2Q}$ とすると，

$$|Z|_{\omega_0} = \frac{1}{\sqrt{2}} |\dot{Z}|_{\omega_0 + \Delta\omega} \tag{5.57}$$

となる．したがって $\omega_0 + \Delta\omega$ の電流は共振時の約 $\dfrac{1}{\sqrt{2}}$ となる [5)]．この $\Delta\omega$ を共振回路の帯域幅と呼ぶ．

例6　並列共振回路

コイルとコンデンサで並列共振回路を作ると，その等価回路は図 5.26 のようになる．

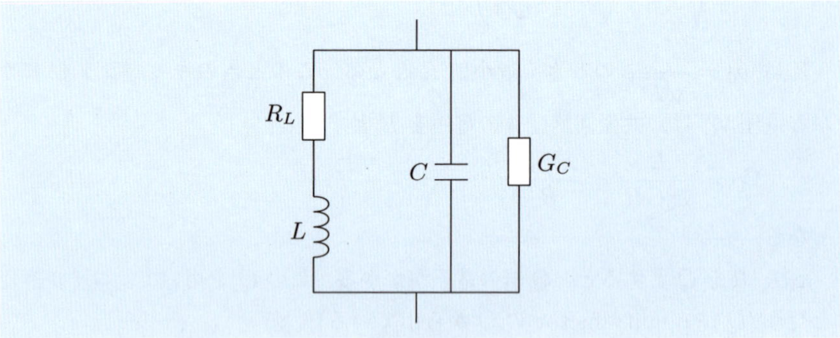

図 5.26

G_C は小さいので無視しても，直列共振回路と双対にはならない．等価的な回路を作ることにより，直列共振回路と同じ (双対的) 考え方ができるので便利である．G_C を無視して考える．

R_C と L の直列回路のアドミッタンスは

---

5) 電流が $1/\sqrt{2}$ となるとき，電力は 1/2 となる．1/2 の常用対数を Bell の単位で表す．dB(デシベル) では −3dB となる．

$$\dot{Y} = \frac{1}{R_L + j\omega L} = \frac{1}{j\omega L}\left(\frac{1}{1 + \dfrac{R_L}{j\omega L}}\right)$$
$$\simeq \frac{1}{j\omega L}\left(1 - \frac{R_L}{j\omega L}\right) = \frac{1}{j\omega L} + \frac{R_L}{(\omega L)^2} \tag{5.58}$$

したがって，図 5.27 のような双対の等価回路が得られ，同様の結論が得られる． □

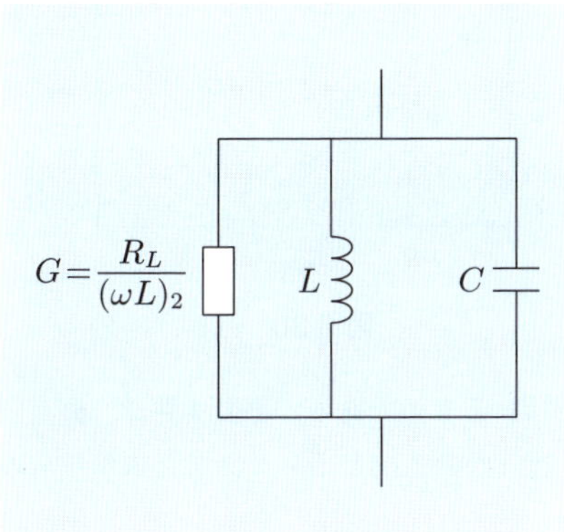

図 5.27

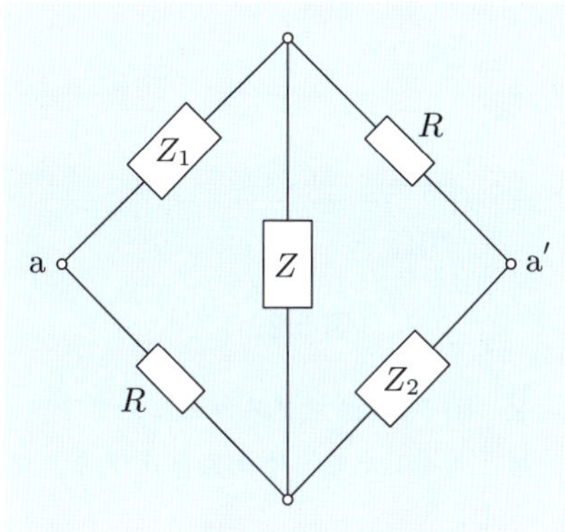

図 5.28

例7 少し面白い回路 (逆回路)

図 5.28 のようなブリッジ回路を考えよう．$Z_1Z_2 = R^2$ なる関係があると，ブリッジは平衡となる (直流回路と同様に)．すると，a, a′ から見たインピーダンスは

$$\frac{1}{\dfrac{1}{R+Z_1} + \dfrac{1}{R+Z_2}} = \frac{R^2 + R(Z_1+Z_2) + Z_1Z_2}{2R + Z_1 + Z_2}$$
$$= \frac{(2R + Z_1 + Z_2)R}{2R + Z_1 + Z_2}$$
$$= R$$

となり，抵抗となる．

例えば，$\dot{Z}_1 = j\omega L$ とすると，$\dot{Z}_2 = \dfrac{1}{j\omega C}$ として，$\dfrac{L}{C} = R^2$ の関係となっていれば，L, C があるにもかかわらず，全体としては抵抗となる． □

5章の問題

□**1**　図5.29の回路に実効値100Vで周波数50Hzの電源を接続したとき，流れる電流の実効値をそれぞれ求めよ．

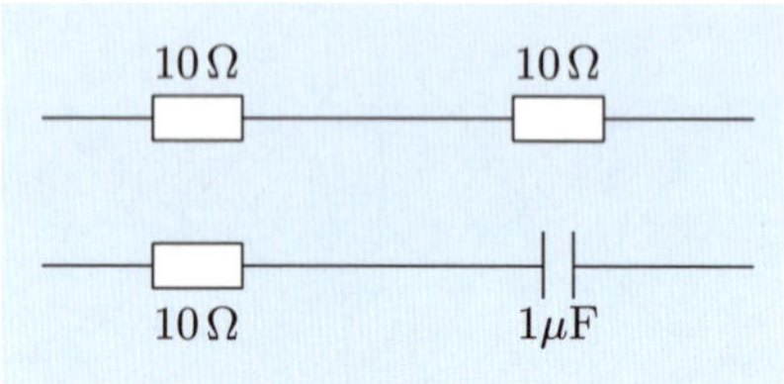

図 5.29

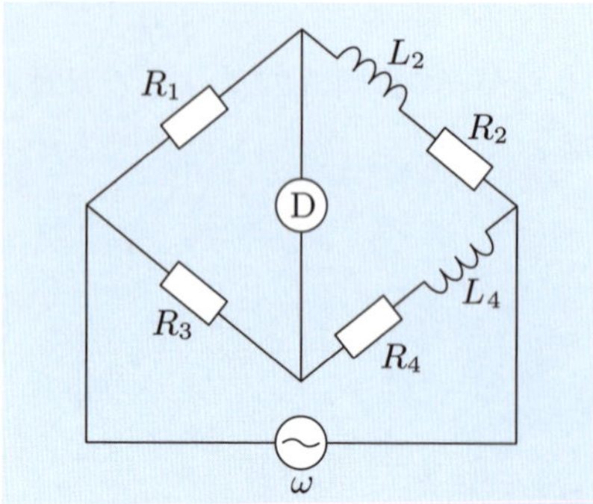

図 5.30

□**2**　図5.30はマクスウェル・ブリッジと呼ばれるものである．平衡条件は，直流回路と同様である．平衡条件を求め，R_4, L_4 をほかの抵抗とインダクタンスから求める式を導け．

□**3**　図5.31の回路のテブナン等価回路とノートン等価回路を求めよ．

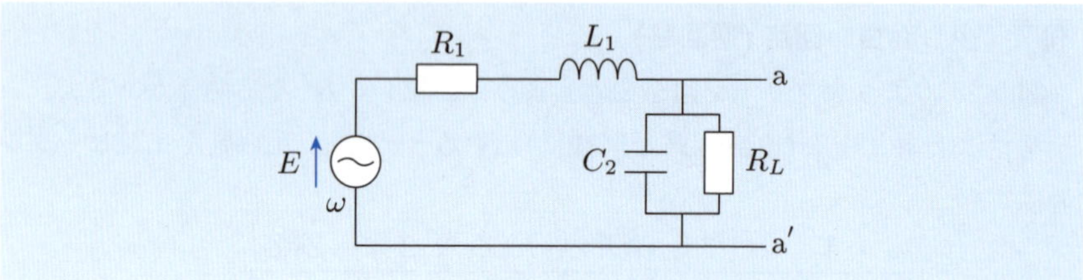

図 5.31

□**4**　図5.31の回路の a, a′ に内部抵抗 r の電圧計を接続した．回路に流れる電流，電圧の変化分を示す回路を作れ．

□**5**　図5.31の回路 a, a′ に抵抗 r を接続し，r での消費電力を最大としたい．r の値はいくらか．

□**6**　上の問題において C_2 も変化できるとすると，r の消費電力を最大とする C_2 と r の値を求めよ．

6 電気計測

計測とは，ある量を測定することである．その中で電気計測は電気的諸量である電圧，電流，電力，抵抗，インダクタンス，キャパシタンス，インピーダンス，… などを測定するものから，様々な物理的，化学的諸量 (生物的，医学的諸量を含め) を電気的諸量に変換し，測定するものも含まれているので，その領域は非常に広い．

例えば，脳の診断などに用いられる MRI (Magnet Resonance Imaging) は，磁界中の水素原子の歳差運動の周波数の測定を行い，脳の状態，例えば血栓の場所を知ることができる．このとき，同一磁界を作ること，周波数を発振，測定すること，測定データを処理し，図的に上のような情報を伝える (例えば画面描写のハードウェアとソフトウェアが必要) ことなどが電気 (電子) 的計測としての領域の中にある．

このような非常に範囲の広い電気計測の分野を網羅し説明するのは，時間的にも紙面的にも不可能である．また，計測に用いられる電気・電子の技術も広範囲であり，その基本的技術の全体を説明するもの困難である．そこで，電気計測の一例をあげ，その中に使用している技術を含めて，概説を試みる．

6 章で学ぶ概念・キーワード

- 標準
- 計測回路

6.1 標準(基本単位)

ある標準値と比べることでその値を測定する．このため，色々な物理量の標準が定められている．例えば，長さの標準は，1/299792458秒間に光が真空中に伝わる長さを1mとしている．この標準のために，時間の標準がいるが，これは，質量数133のセシウム原子の特定の超微細遷移の9192631770周期の時間と定められている．

電気関係では，電流は1m間隔の互いに等しい平行線状電流が，1m当たり2×10^{-7}[N]の力を相互に及ぼし合う電流を1Aと定めている．このときも比較に質量が必要となる．これは，国際キログラム原器と等しい質量を1kgとしている．その他，様々な標準が定められているが，質量を除き，物理的な標準となっている．

近年，量子的物理標準が進歩し，基本単位として採用されていないが，実用的標準とされているものが増えてきている．

電圧の標準としては，ジョセフソン効果を用いたものが実用的標準とされ，その電圧と比較し，電圧計が作られている．

写真 6.1 指示計

6.2 電圧・電流の測定

電流の測定は，4 章で述べたように，電流と磁界による力をバネのような力学的な計測で行ってきた．電圧は抵抗に流れる電流で間接的に求めていた．これが，いわゆる指示計で写真 6.1 に示す．

ここでは，標準電圧を用いた電圧測定を説明する．積分形電圧計測の原理図を図 6.1 に示す．

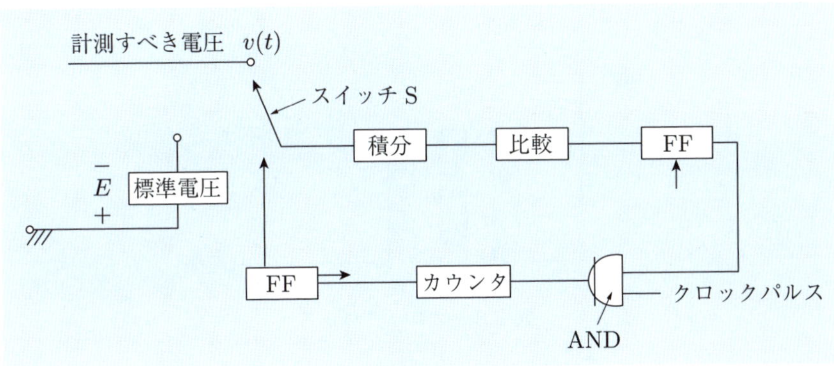

図 6.1　積分形電圧計測の原理図

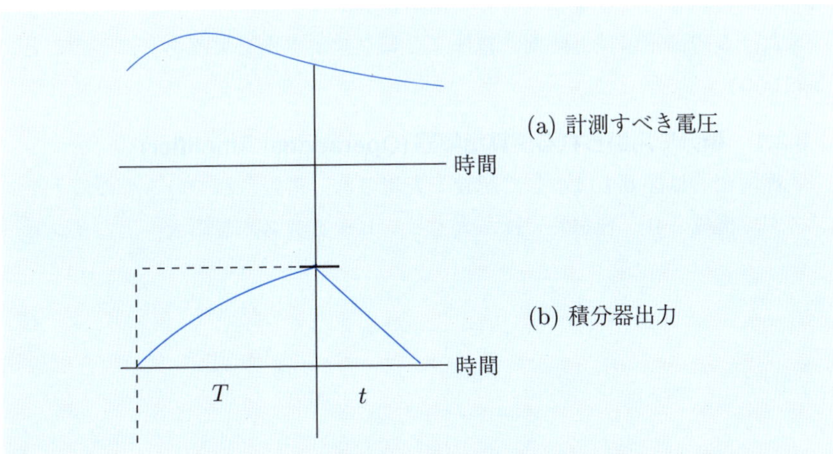

図 6.2　原理説明の波形

計測すべき電圧を$v(t)$とし，模擬的な波形を図6.2(a)に示す．それを用いて原理を説明する．スイッチSを$v(t)$側に接続し，$v(t)$を決まった時間Tだけ積分する．そのときの積分器の出力を図6.3に示す．その後，図6.1のスイッチSを標準電圧側に接続し，積分器の出力が，零となるまで積分し，その時間tを測定することで，$v(t)$の平均電圧が求まる．

この時間測定のために，クロックパルスを必要としている．クロックパルスは図6.3に例を示すように，パルス側の電圧のことである．時間tをこのパルス数で測定する．

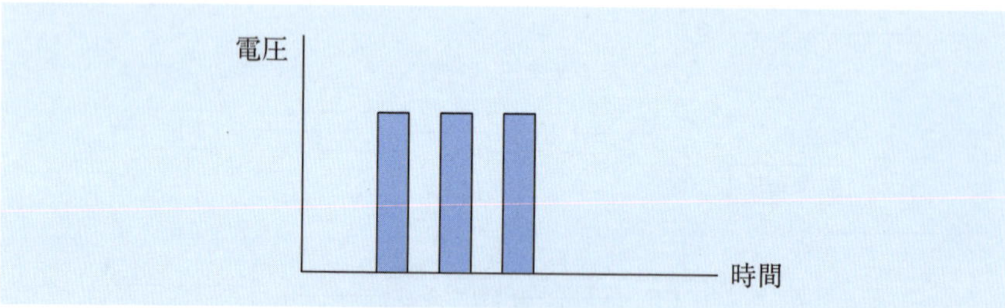

図6.3 クロックパルス

電圧・電流の測定には，積分，比較，FF，AND，カウンターなど，電子回路が必要であり，そのことについて簡単に触れる．

また，この測定には，時間，電圧ごとにクロックが必要であり，そのことにも触れる．

6.2.1 積分に用いられる演算増幅器 (Operational Amplifier)

演算増幅器は図6.4に示した記号で表現され，市販されているものはトランジスタで構成され，理想的には，入力インピーダンスが無限大，出力インピー

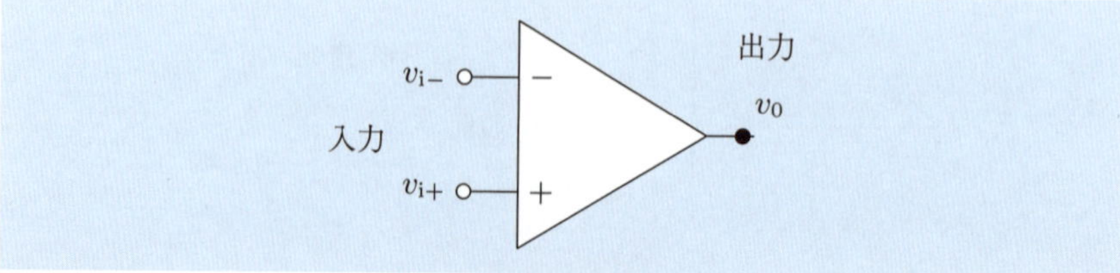

図6.4 演算増幅器

ダンスは0である．入力と出力の関係は

$$v_0 = -\mu v_{\mathrm{i}-}, \quad v_0 = \mu v_{\mathrm{i}+} \tag{6.1}$$

となり，理想的には増幅率 μ が無限大である．実際は入力インピーダンスが非常に大，出力インピーダンスが非常に小，μ が非常に大きなものである．

(1)　加算器

図6.5のような回路を考える．−端子の電圧を e とする．

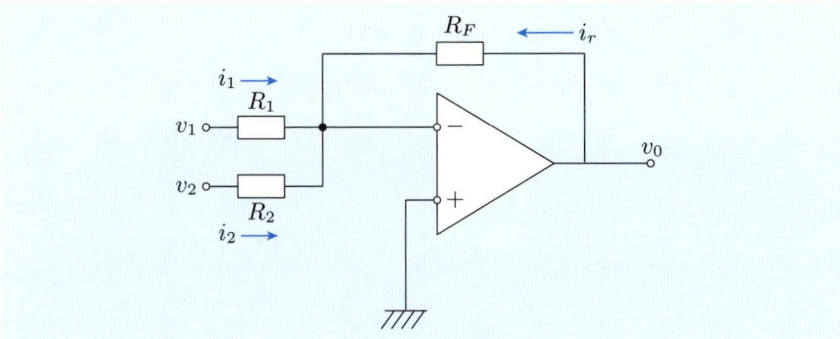

図6.5　加算器

入力インピーダンスを無限大とすると，−端子でのキルヒホッフの電流則より，

$$\frac{v_1 - e}{R_1} + \frac{v_2 - e}{R_2} + \frac{v_0 - e}{R_F} = 0 \tag{6.2}$$

また，増幅度 μ より，

$$v_0 = -\mu e \tag{6.3}$$

μ が無限に大きいとすると，$e = 0$ であるので

$$v_0 = -\left(\frac{R_F}{R_1}v_1 + \frac{R_F}{R_2}v_2\right) \tag{6.4}$$

なる関係が得られる．$R_1 = R_2 = R_F$ とすると $v_0 = -(v_1 + v_2)$ となり，符号逆転[1]の加算器となる．

[1] 符号が逆転することは重要である．ある電圧の + も − も得ることができる．

(2) 積分器

図 6.6 の回路を考える．また，入力インピーダンスが無限大より，－端子の電圧を $e=0$ と仮定できるので，

$$\frac{v_1}{R}+C\frac{dv_0}{dt}=0 \tag{6.5}$$

$$v_0=\frac{-1}{CR}\int v_1 dt \tag{6.6}$$

となり，出力が入力の符号逆転の積分器が得られる．

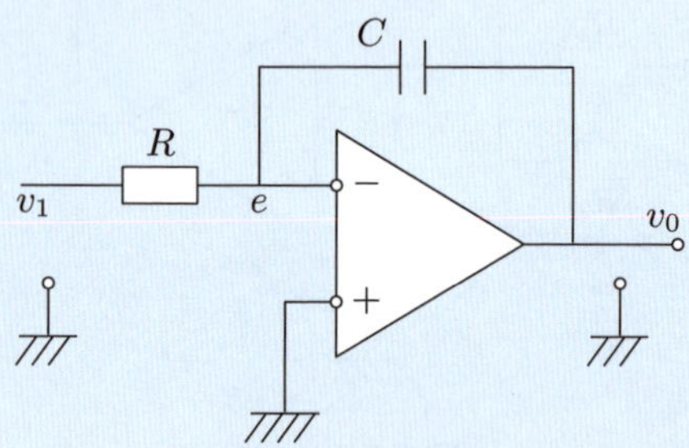

図 6.6 積分器

例題 6.1

$$\frac{dx}{dt}=-ax, \quad x_0=b$$

なる微分方程式を演算増幅器を用いて解くことを考えよ．

【解答】 図 6.7 の回路において

$$v_0=-\frac{1}{RC}\int v_0 dt$$

$$\frac{dv_0}{dt}=-\frac{1}{RC}v_0$$

$$a=\frac{1}{RC}$$

となる．S_1 をオンにしてキャパシタ C に電圧 b を加えて，S_1 をオフすると同時に S_2 をオンにすると，解が x に現れる． ■

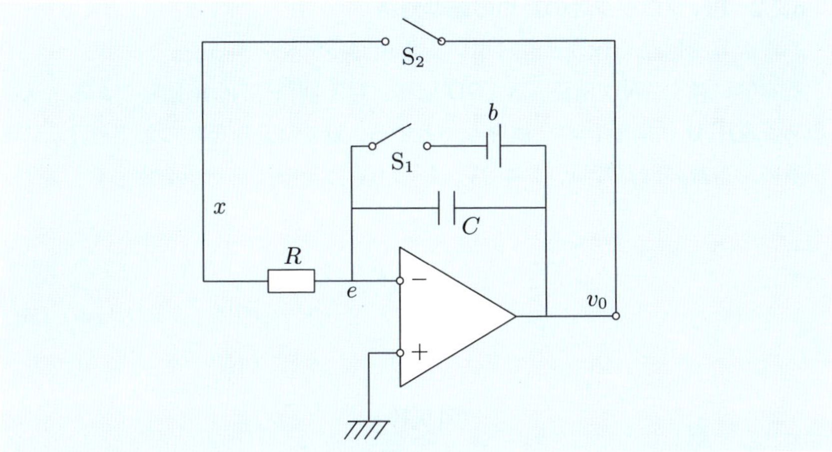

図 6.7

(3) 比較器

図 6.8 の回路において

$$v_0 = \mu(E - v_1) \tag{6.7}$$

となる．したがって，

$$E > v_1, \quad v_0 = +\infty, \qquad E < v_1, \quad v_0 = -\infty$$

と計算できるが，実際の演算増幅器では，電圧が正負ともある値で飽和する．その電圧を $\pm E$ とすると，図 6.9 のように v_1 に対して出力 v_0 が得られる．

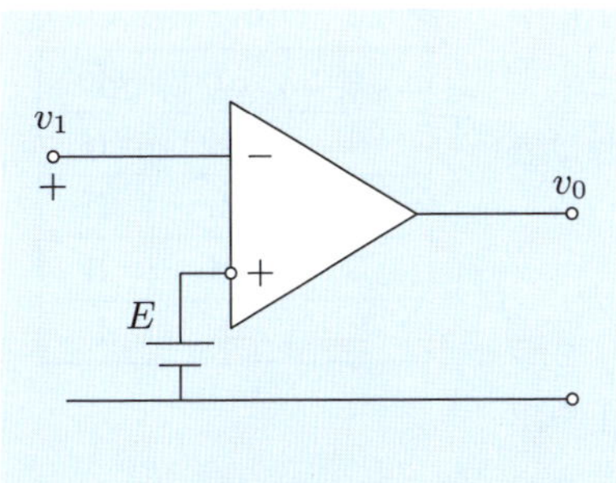

図 6.8 比較器

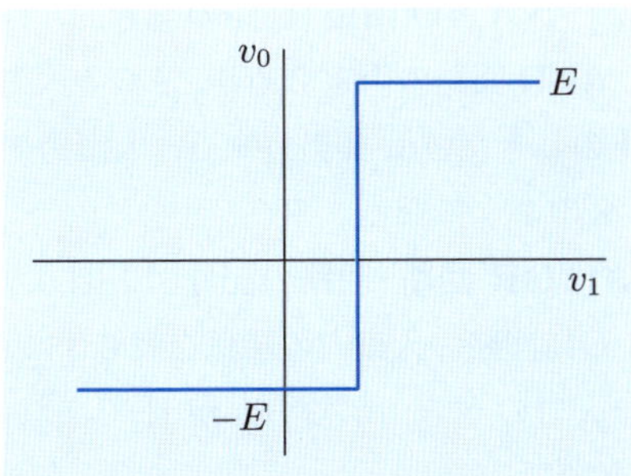

図 6.9 飽和

6.2.2 FF, クロック等のための論理回路

論理計算を回路で行うときに用いる論理回路を説明する．

基本的には，AND 回路，NAND 回路，OR 回路，NOR 回路がある．入力をある電圧 H と電圧 L の 2 値をもつとする．H を 1，L を 0 として考えることが多い．市販の回路では，1 は 5V，L は 0V となっている場合が多い．

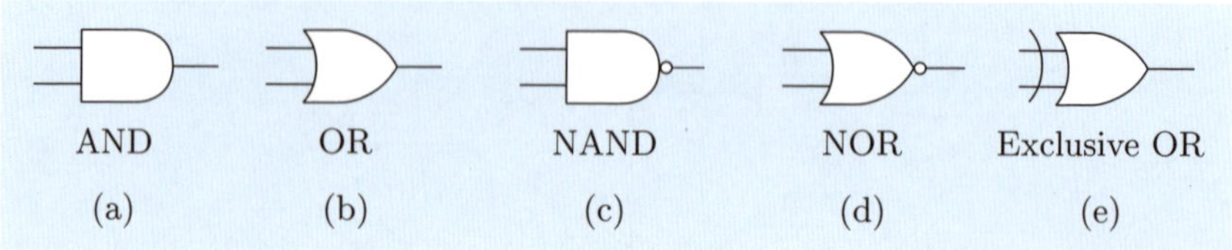

図 6.10

(1) AND 回路 (回路の記号図：図 6.10(a))

表 6.1 のように入出力関係を示す．この回路は 2 つの入力がともに H のときだけ H を出力する．この表を真理値表という．

表 6.1 AND 回路の入出力

入力 1	入力 2	出力
H	H	H
H	L	L
L	H	L
L	L	L

表 6.2 NAND 回路の入出力

入力 1	入力 2	出力
H	H	L
H	L	H
L	H	H
L	L	H

(2) NAND 回路 (回路の記号図：図 6.10(c))

AND 回路の否定であり，2 つの入力がともに H のときだけ L を出力する．入出力の関係は表 6.2 のようになる．

(3) OR 回路 (回路の記号図：図 6.10(b))

OR 回路の入出力の関係を表 6.3 に示す．2 つの入力のうち，どちらかが H であれば H を出力する．

表 6.3 OR 回路の入出力

入力 1	入力 2	出力
H	H	H
H	L	H
L	H	H
L	L	L

(4) NOR 回路 (回路の記号図：図 6.10(d))

OR 回路の否定であり，入出力の関係を表 6.4 に示す．2 つの入力のうち，どちらかが H であれば，L を出力する．つまり，ともに L のときのみ H を出力する．

表 6.4 NOR 回路の入出力

入力 1	入力 2	出力
H	H	L
H	L	L
L	H	L
L	L	H

表 6.5 Exclusive OR 回路の入出力

入力 1	入力 2	出力
H	H	L
H	L	H
L	H	H
L	L	L

(5) Exclusive OR 回路 (回路の記号図：図 6.10(e))

入出力の関係は，ともに H，あるいは L のとき，L を出力し，他は H を出力する (表 6.5).

論理演算

入力 x_1, x_2，出力 y に対して，AND は $y = x_1 \cdot x_2$ と記し，OR は $y = x_1 + x_2$ と記す．また，x_1 の否定は $\overline{x_1}$ で示す．

$$
\begin{aligned}
y &= \overline{x_1 \cdot x_2} = \overline{x_1} + \overline{x_2} \\
y &= \overline{x_1 + x_2} = \overline{x_1} \cdot \overline{x_2}
\end{aligned}
\tag{6.8}
$$

なる公式がある．また，交換則，分配則，結合則が成り立つ (ドモルガンの定理).

例題 6.2

表 6.6 のような論理が示されたときの論理回路を作れ．ただし，H を 1，L を 0 で表現している．

表 6.6

x_1	x_2	x_3	y
0	0	0	1
0	0	1	0
0	1	0	1
0	1	1	0
1	0	0	0
1	0	1	0
1	1	0	1
1	1	1	0

【解答】 出力 y が 1 となるのは $\overline{x_1}\cdot\overline{x_2}\cdot\overline{x_3}$, $\overline{x_1}\cdot x_2\cdot\overline{x_3}$, $x_1\cdot x_2\cdot\overline{x_3}$ のときであるから，

$$y = \overline{x_1 \cdot x_2 \cdot x_3} + \overline{x_1} \cdot x_2 \cdot \overline{x_3} + x_1 \cdot x_2 \cdot \overline{x_3} \tag{6.9}$$

と書ける．

$$\begin{aligned} y &= \overline{x_3} \cdot (\overline{x_1 \cdot x_2} + \overline{x_1} \cdot x_2 + x_1 \cdot x_2) \\ &= \overline{x_3} \cdot \{\overline{x_1} \cdot (\overline{x_2} + x_2) + x_1 \cdot x_2\} \\ &= \overline{x_3} \cdot \{\overline{x_1} + x_1 \cdot x_2\} \quad (\because x + \overline{x} = 1) \end{aligned} \tag{6.10}$$

回路は，以下のようになる． ■

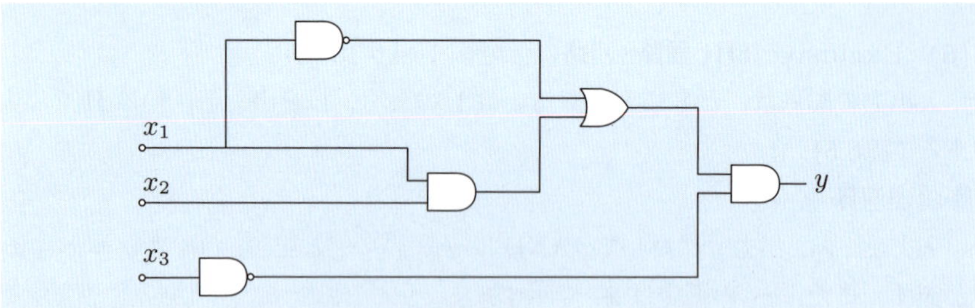

図 6.11

6.2.3 フリップフロップ回路

図 6.12 に示す論理回路を考える．

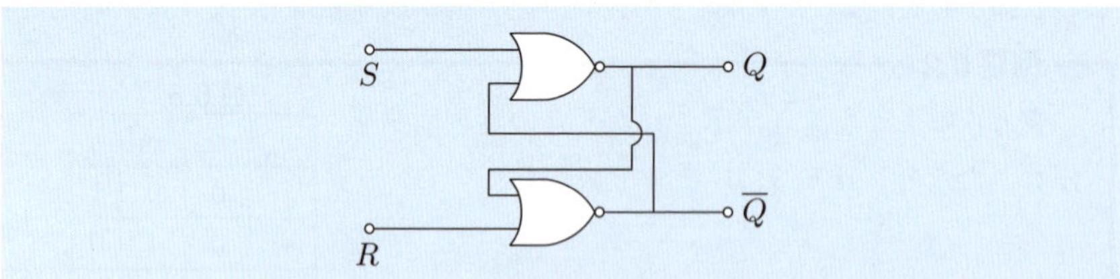

図 6.12

- $Q=1$ のとき，$S=1$, $R=0$ とすると $Q=0$ となる．よって，$\overline{Q}=1$ である．
- $S=0$, $R=1$ のとき，$Q=1$ とすると矛盾がない．$Q=0$ とすると矛盾が起こり，$\overline{Q}=0$ とならざるを得ない．

表 6.7　フリップフロップ回路の入出力

S	R	Q	$\overline{Q}$
0	0	$*$	$*$
0	1	1	0
1	0	0	1
1	1	○	○

$*$ 前の状態を保つ　○ 不定

- $S=0, R=0$ のとき，$Q=1$ とすると $\overline{Q}=0$ となり矛盾しない．$Q=0$ とすると $\overline{Q}=1$ となり矛盾しない．よって $\overline{Q}, Q$ が元の状態を保持することになる．
- $S=1, R=1$ のとき，$Q=1$ となり矛盾が起こり，$Q=0$ となるが，$Q=0$ としても矛盾が生じる．このような入力がないことにしなければならない．

以上のことをまとめると，$S=0$, $R=1$ のときは $Q=1$ となる．$S=1$, $R=0$ のときは，$Q=0$ となる．$S=0$, $R=0$ のときは，前の状態が $Q=1$ であれば，$Q=1$，$Q=0$ であれば，$Q=0$ となる．このことは前の状態を保つことを意味している．$S=1$, $R=1$ は，Q が確定できない．

このように，出力の前の状態と入力によって出力が決まる．このような回路をフリップフロップ (flip-flop：FF) 回路という．

なお，図 6.13 の JK FF は上記の SR FF のように使用終止入力がなく，また，C 端子があり，ここにクロックの端子 C があり，それが 1 のときだけ動作する．この FF でカウンタが作成できる (表 6.8).

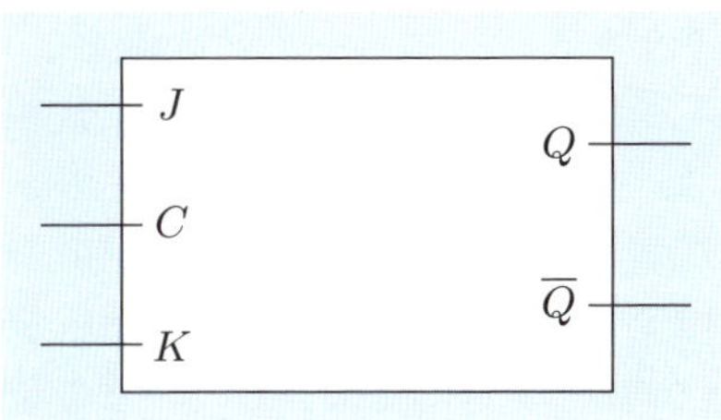

図 6.13

表 6.8

J	K	C	Q	$\overline{Q}$
0	0		保存	
0	1		0	1
1	0		1	0
1	1		反転	

6章の問題

□ **1** $\dfrac{d^2x}{dt^2} = -a^2x$ の解は，$x = A\sin(at + \varphi)$ となる．ただし A, φ は初期値に依存する．このことを利用して，演算増幅器を用いた正弦波発生器を作れ．

□ **2** 表6.9のような論理が示されたときの論理回路を作れ．

表6.9

x_1	x_2	x_3	y
0	0	0	0
0	0	1	0
0	1	0	0
0	1	1	1
1	0	0	1
1	0	1	0
1	1	0	0
1	1	1	1

標準電圧

電圧の実用的な標準には，ジョセフソン効果を用いる．ジョセフソン効果とは，超電導体・絶縁体・超電導体のサンドウィッチ構造において，超電導体間に超電導電流が流れる (トンネル効果) 現象である．この接合部にマイクロ波をあてると，その電圧・電流特性に電圧のステップ (電流が同じでも電圧が違う) が生じる．そのステップ電圧は，マイクロ波の周波数に比例する．このステップ電圧を電圧標準とする．しかし，超電導体は低温で超電導状態になるため，そのまま電圧の計測に用い難い．そこで，この電圧を定電圧特性を持つツェナーダイオードとブリッジ回路を用いて比較し，ツェナーダイオードの電圧を求め，それを電圧計の標準電圧として用いる．

7 電気機械変換

電気エネルギーを機械エネルギーに変換 (電動機)，機械エネルギーを電気エネルギーに変換 (発電機) することを考える．機械エネルギーも電気エネルギーも優秀なエネルギー (他のエネルギーへの変換効率がよい) であるが，制御を考慮すると電気エネルギーはさらに優秀なエネルギーと考えられる．

本章では，この電動機，発電機の中で最も使用されている誘導電動機に関して説明する．また，誘導電動機の説明の前に三相交流について説明する．

7 章で学ぶ概念・キーワード

- 回転磁界
- 誘導電動機
- すべり

7.1 三相交流

通常，電力の送電は三相交流が使用される．3 つの位相の違った電圧源

$$\dot{E}_a = E_a \tag{7.1}$$

$$\dot{E}_b = E_a e^{-j\frac{2}{3}\pi} \tag{7.2}$$

$$\dot{E}_c = E_a e^{-j\frac{4}{3}\pi} \tag{7.3}$$

を図 7.1 のように Y 結合する (複素数表示).

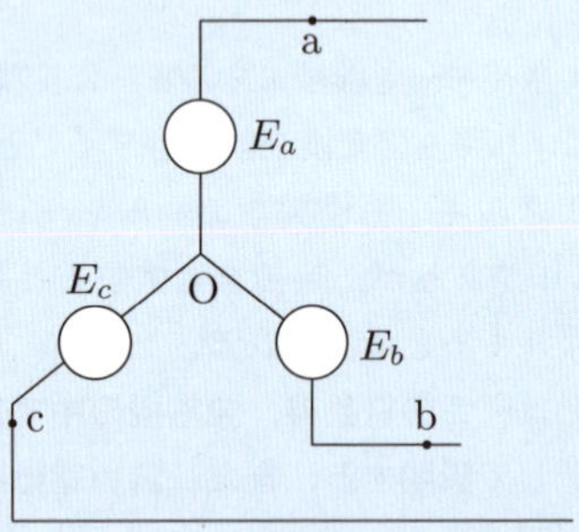

図 7.1

この 3 本の線を各々a 相，b 相，c 相と称する．この例では大きさが等しく，各相の位相差が $\frac{2}{3}\pi$ である．これを対称三相電源という．

この電源を図 7.2 のようなすべてインピーダンスが等しい負荷 (これを平衡負荷という) に接続した場合の電流電力を考えよう．O 点の電圧を 0 とし，N 点の電圧を $\dot{V}_N$ とすると a 相の電流 $\dot{I}_a$ は，

$$\dot{I}_a = \frac{\dot{E}_a - \dot{V}_N}{\dot{Z}} \tag{7.4}$$

b，c 相も同様に

$$\dot{I}_b = \frac{\dot{E}_b - \dot{V}_N}{\dot{Z}}, \quad \dot{I}_c = \frac{\dot{E}_c - \dot{V}_N}{\dot{Z}} \tag{7.5}$$

となる．N 点で $\dot{I}_a + \dot{I}_b + \dot{I}_c = 0$ であるので

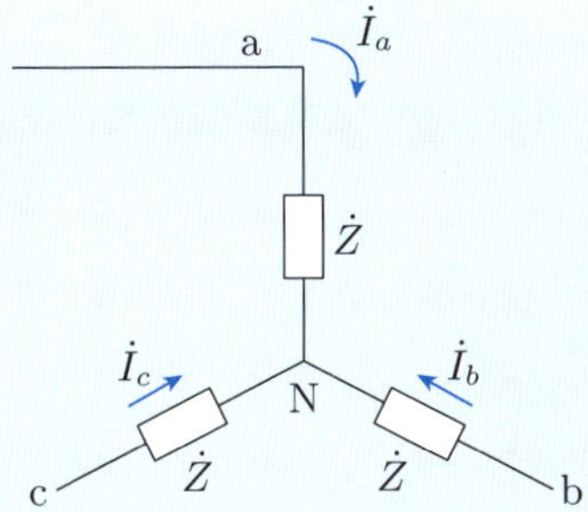

図 7.2

$$\dot{V}_N = \frac{1}{3}(\dot{E}_a + \dot{E}_b + \dot{E}_c) = 0 \tag{7.6}$$

となる．このように対称三相電圧源に平衡負荷を考えると，各々の相ごとに単相のように扱うことができる．不平衡負荷の場合は上のような計算を行い，$\dot{V}_N$ を求めることができ，各相電源を求めることができる．

電力システムにおいて，できる対称電圧と平衡負荷になるように設計運用される．

いま，Y 結線の各相の電圧で表したが，三相の端子 (a, b, c) が出ているとき，N 点がないので Y 結線の各相電圧は求められず，相間の電圧 (これを線間電圧という) は求められる．それは

$$\dot{V}_N = \sqrt{3}\dot{E}_a e^{+j\frac{\pi}{6}} \tag{7.7}$$

となる．この線間電圧は Y 結線の相電圧の $\sqrt{3}$ 倍の電圧となり，三相の電力はいまの対称平衡負荷では複素電力として

$$\dot{E}_a^*\dot{I}_a = \dot{E}_b^*\dot{I}_b = \dot{E}_c^*\dot{I}_c$$

$$\text{三相の複素電力} = 3\dot{E}_a^*\dot{I}_a \tag{7.8}$$

となり，有効電力は $3E_aI_a\cos\theta$ ($\cos\theta$，力率)，線間電圧を E_l で表せば $\sqrt{3}E_lI_a\cos\theta$ となる．ただし，力率は Y 相で考えている．

単相の場合，同じ電流 I_a で電圧を E_l とすると，2 本の線で $E_lI_a\cos\theta$ を送ることになる．対称平衡三相では 3 本の線で $\sqrt{3}E_lI_a\cos\theta$ を送れる．1 本当たり

$$単相：\frac{E_l I_a}{2}\cos\theta, \quad 三相：\frac{\sqrt{3}E_l I_a}{3}\cos\theta$$

となり，三相のほうが１本当たりの送電電力が大きい．これは三相電力の特徴の１つである．

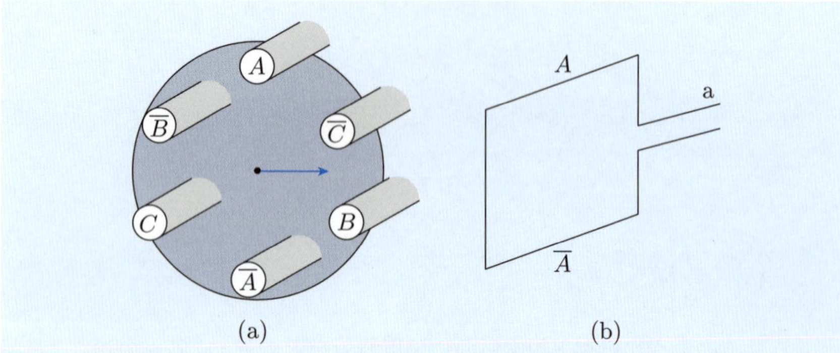

図 7.3

図 7.3(a) のように円筒状に A–$\overline{A}$, B–$\overline{B}$, C–$\overline{C}$ の巻線が空間的に 120° ずつはなれて施されているものを考える．A–$\overline{A}$ だけを取り出すと図 7.3(b) のような巻線である．この各々に対称三相電流を流すことを考える．つまり

$$I_a = \sqrt{2}I\sin\omega t \tag{7.9}$$

$$I_b = \sqrt{2}I\sin\left(\omega t - \frac{2}{3}\pi\right) \tag{7.10}$$

$$I_c = \sqrt{2}I\sin\left(\omega t - \frac{4}{3}\pi\right) \tag{7.11}$$

a 相の巻線が作る磁界の方向は同図 (a) の矢印の方向であり，これが時間的に変化する．これを

$$B_a = B_m\sin\omega t \tag{7.12}$$

と表すことにする．

b 相の巻線が作る磁界の方向は，a 相より空間的に $\dfrac{2}{3}\pi$ のずれ (位相差) がある．a 相と同じ方向に対して

$$B_{b/\!/} = B_m\sin\left(\omega t - \frac{2}{3}\pi\right)\cos\left(-\frac{2}{3}\pi\right) \tag{7.13}$$

それと直角の方向に対して

$$B_{b\perp} = B_m \sin\left(\omega t - \frac{2}{3}\pi\right)\sin\left(-\frac{2}{3}\pi\right) \tag{7.14}$$

同様に

$$B_{c/\!/} = B_m \sin\left(\omega t - \frac{4}{3}\pi\right)\cos\left(-\frac{4}{3}\pi\right) \tag{7.15}$$

$$B_{c\perp} = B_m \sin\left(\omega t - \frac{4}{3}\pi\right)\sin\left(-\frac{4}{3}\pi\right) \tag{7.16}$$

になり，

$$B_{/\!/} = B_a + B_{b/\!/} + B_{c/\!/} = \frac{3B_m}{2}\sin\omega t \tag{7.17}$$

$$B_{\perp} = B_{b\perp} + B_{c\perp} = \frac{3B_m}{2}\cos\omega t \tag{7.18}$$

となる．矢印から角 θ の点の磁界は

$$B_{/\!/}\cos\theta + B_{\perp}\sin\theta = \frac{3}{2}B_m \sin(\omega t - \theta) \tag{7.19}$$

となり，これは回転磁界と呼ばれる．この回転磁界が得られることが三相交流のもう１つの特徴である．

7.2 誘導電動機

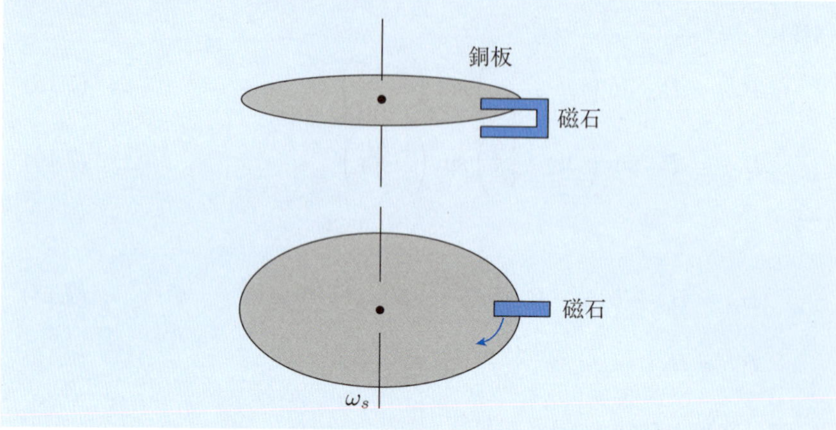

図 7.4

図 7.4 のような銅の円板を考える．銅円板は回転できる．そこに図 7.4 のように磁石をおき，磁石を回転移動させる．その速度を ω_s とする．銅板が静止もしくは ω_s より小さい角速度 ω で回転しているとすると，銅板には $\omega_s - \omega$ の角周波数での変動磁界が生じる．この変動磁界により銅板に電圧が誘起され，それによって電流が流れる．このとき銅板は，この電流と磁石の磁界により力を受ける．これが誘導電動機の原理である．

前節の三相交流を用いれば，磁石を回転移動させずに回転磁界が得られる．この場合は，銅板のかわりに円筒状の回転体を用いる．この回転体には図 7.5 のように導体棒を磁性体の溝に並べ，その両端に短絡環で短絡したもの (かご型回転子と呼ぶ)，固定子 (回転磁界をつくる静止部) のように巻線を施したもの (巻線型回転子と呼ぶ) がある．簡単に使用する場合には，かご型が使われることが多い．

回転磁界の角周波数を ω_s(これは電源の周波数によって決まる)，回転子の回転角周波数を ω とする．ここで，

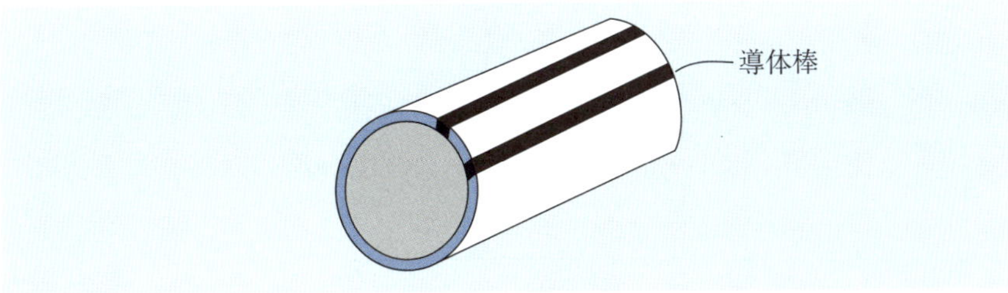

図 7.5　かご型回転子

$$\frac{\omega_s - \omega}{\omega_s} = s$$

と定義し，s を**すべり** (または**スリップ**) と呼ぶ．固定子側の周波数 (電源周波数) を f とすると，回転子の電圧電流の周波数は sf となる．固定子が発生する回転磁界を表す等価回路は図 7.6 のようになる．

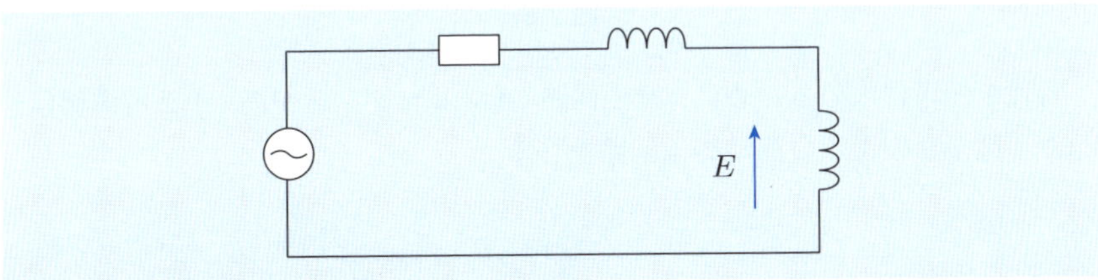

図 7.6

回転子側の誘導起電力は，固定子 1 次側に換算すると sE となり，固定子側から見た回転子のインピーダンスを抵抗 r_2' とリアクタンス x_2' の直列回路とすると，図 7.7 のように表される．リアクタンス x_2' に s がついてる．x_2' は周波数 f のリアクタンスであり，回転側の周波数は sf であるからである．回転子側の固定子より電圧を求めると

$$\dot{E}_b = E_a e^{-j\frac{2}{3}\pi} \tag{7.20}$$

であるので，図 7.6 と図 7.7 を合わせてなる誘導電動機の等価回路が得られる (図 7.8)．磁気をつくるためのリアクタンス b_0 (励磁回路) と並列に，損失 (ヒステリシス損失，うず電流損失) を示す抵抗 (コンダクタンス) をいれる．

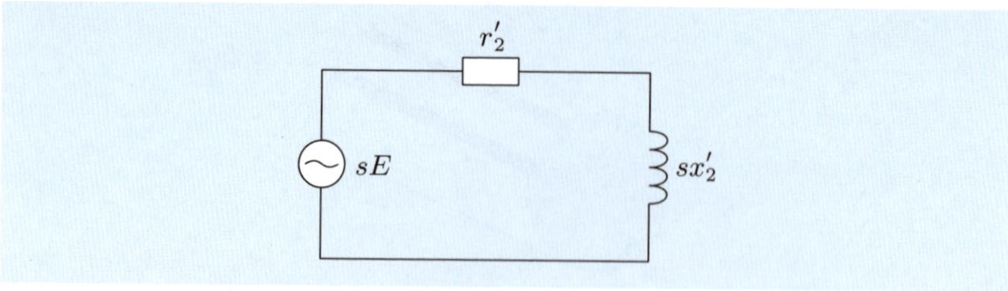

図 7.7

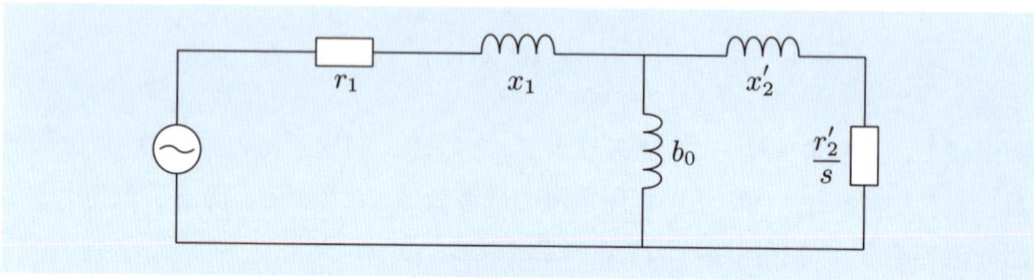

図 7.8

特性を簡単に求めるために，励磁回路 (インピーダンスが高い) を電源側に移した，図 7.9 のような簡易等価回路を作る．

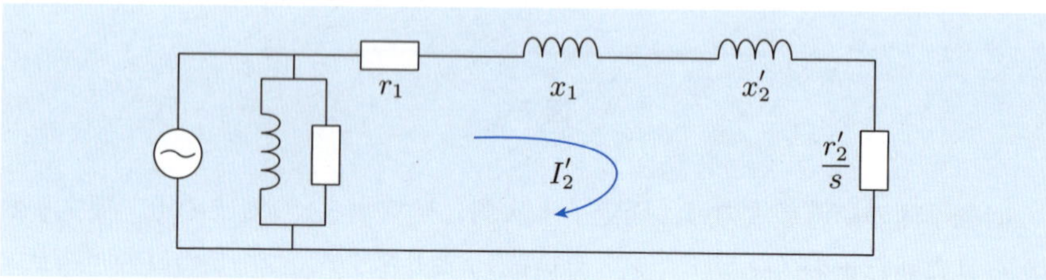

図 7.9

回転子側の入力は，$r_2' {I_2'}^2$ であるので，

$$\frac{r_2'}{s} = r_2' + \frac{1-s}{s} r_2'$$

に分けると，r_2' は 2 次側の抵抗であるので $r_2' I_2^2$ は損失である．1 次側から供給される電力は $\frac{r_2'}{s} I_2^2$ であるので，残りの $\frac{1-s}{s} r_2' I_2'^2$ は，誘導電動機の出力となる．

回転子の入力を 2 次入力と表し，P_2 とする．P_2 のうち，sP_2 が 2 次損失となり，$(1-s)P_2$ が機械的出力となる．

次に，機械的出力 P とトルクの関係について考える．トルクは回転力であり，図 7.10 のように支点から r[m] のところに f[N] の力が加わると，fr[N・m] の回転力を得る．

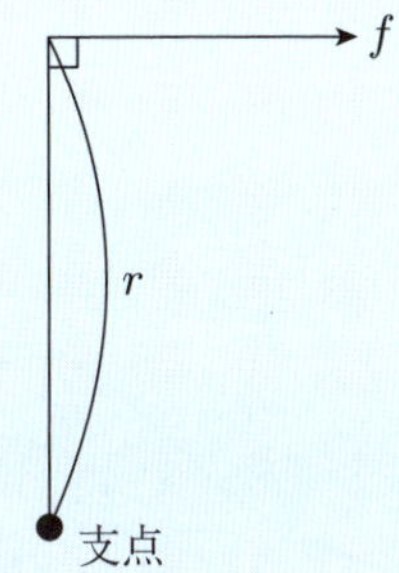

図 7.10

回転機において，トルクは重要な概念である．エネルギー E とトルクの関係は

$$\varDelta E = frd\theta \tag{7.21}$$

電力 P[W] は

$$P = \frac{dE}{dt} = fr\frac{d\theta}{dt} = \omega T \tag{7.22}$$

となり，トルクと電力の関係が得られる．

誘導電動機の機械的出力は，$(1-s)P_2$ となる．したがって，トルク T は

$$\begin{aligned} T &= \frac{1-s}{\omega}P_2 \\ &= \frac{1-\dfrac{\omega_s-\omega}{\omega_s}}{\omega}P_2 = \frac{1}{\omega_s}P_2 \end{aligned} \tag{7.23}$$

となり，ω_s は電源の周波数で決まるので，一定である．したがって，2 次入力はトルクと比例関係にあることがわかる．

誘導電動機のトルクを考えるとき，2 次入力で考える場合が多い．トルクと誘導電動機の回転数の特性は図 7.11 のようになり，トルクは最大値を持つことになる．2 次入力最大値 (つまり，r_2'/s で消費する電力最大) は，回路で学んだ整合条件 (p.56) を用いて

$$\frac{r_2'}{s} = \sqrt{r_1^2 + (x_1 + x_2')^2} \tag{7.24}$$

となる．

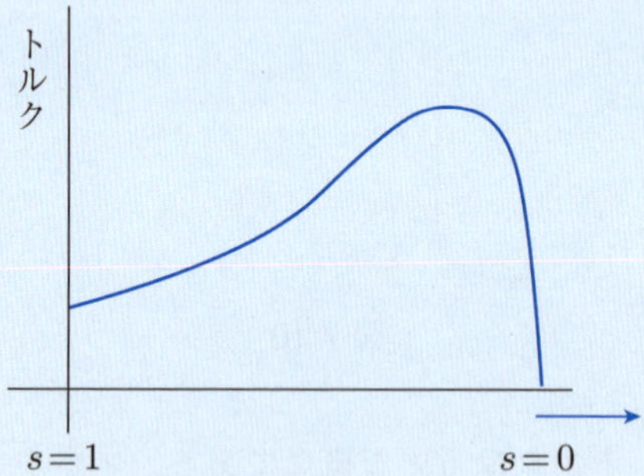

図 7.11

誘導電動機の欠点として，$s = 1$ (静止) のときにトルクが小さいことがある．このトルクを大きくするためには，(7.24) 式から r_2' を大きくすることで対応できる．また，2 次抵抗 r_2' を変化させても最大トルクは変わらない．

参考 $s > 1$ のときは制動機として，$1 > s > 0$ のときは電動機として，$s < 0$ のときは発動機として働く． □

7.3　単相誘導電動機

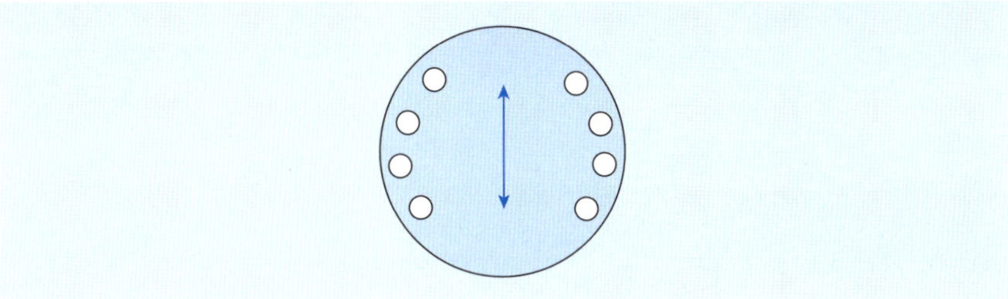

図 7.12

図 7.12 は，模式的に単相巻線を示したものである．この巻線による磁界は交播磁界となる．これを時計回りの回転磁界と反時計回りの回転磁界との和と考えることができる．すると，トルク・速度の特性もその和と考えられ，図 7.13 のようになる．

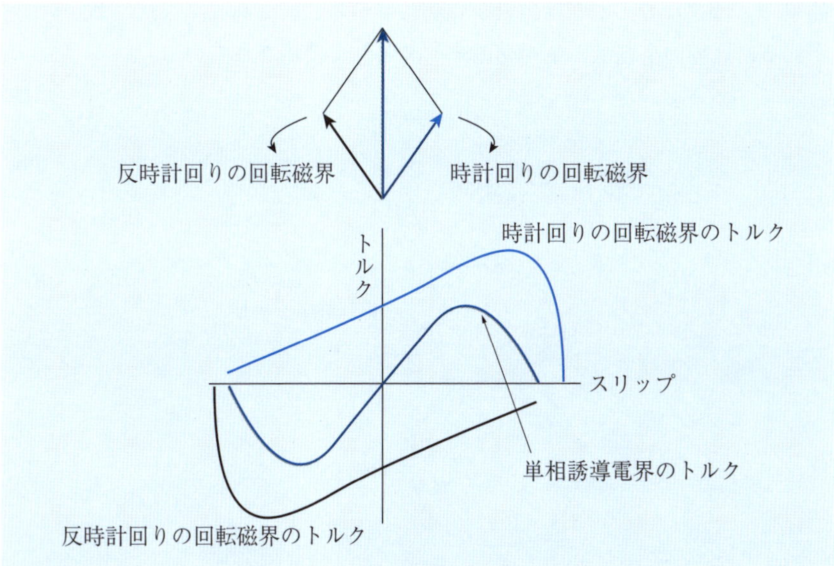

図 7.13

ここで，静止時のトルクが0となり，回転しない．静止時のトルクを保つため，図7.14のように補助巻線を用い，90° 位相の電流を流し，起動トルクを保っている．

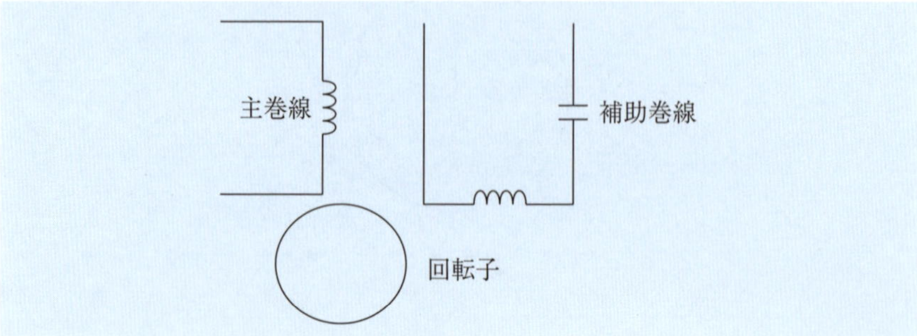

図 7.14

もう1つ，単相交流で回転するモータとして，くま取りコイルモータがある．図7.15は固定子の模式図である．交流による磁束 Φ_A に比べ短絡コイルによる磁束 Φ_B は遅れる．これは磁界が移動していることであり，これにより回転子が回る．比較的小容量の単相交流モータとして使用されている．

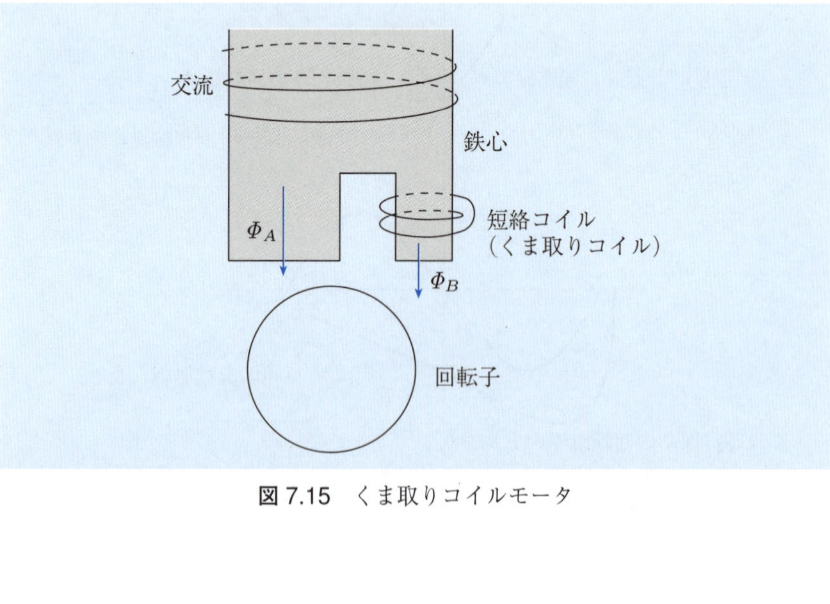

図 7.15 くま取りコイルモータ

7 章の問題

□ **1** すべり 0.2 でトルクが最大となる誘導電動機において，静止時にトルクが最大となるようにするには，回転子の抵抗を何倍にすればよいか．

□ **2** すべり 0.1 で運転している誘導電動機の 2 次抵抗損が 5kW であった．機械的出力はいくらか．

電動機の発見

磁束密度 B の中で長さ l の導体を速度 v で回転させると電圧 $E = Blv$ が発生する．このことを利用したのが直流発電機である．この発電機を原動機で回転させ，発電の実験が行われたのは，1873 年にウィーンで開催された万国博覧会であるといわれている．

このとき，発電機の負荷として電池を用いた．つまり，発電した電気を電池に貯えた．ある日，この原動機の燃料を追加するのを忘れ，燃料がなくなっているにもかかわらず発電機が回転していた．これは電池から電気をもらい発電機が電動機として動作したためで，電動機の発見となった．

問題解答

1　直流回路

1　各々1，2，3 個の抵抗の場合を考える．

1 個の場合は，3 種類 ($_3C_1$) で，10[Ω], 50[Ω], 100[Ω]

2 種類の場合は，直列と並列でそれぞれ 3 種類 ($_3C_2$) あり，

直列　$10 + 50 = 60[\Omega]$

$50 + 100 = 150[\Omega]$

$100 + 10 = 110[\Omega]$

並列　$\dfrac{1}{\dfrac{1}{10} + \dfrac{1}{50}} = \dfrac{50}{6}[\Omega]$

$\dfrac{1}{\dfrac{1}{50} + \dfrac{1}{100}} = \dfrac{100}{3}[\Omega]$

$\dfrac{1}{\dfrac{1}{10} + \dfrac{1}{100}} = \dfrac{100}{11}[\Omega]$

3 個のときは，

(直直)	(直並)	(並直)	(並並)
1 種	3 種	3 種	1 種

の場合があり，

直直　:　$10 + 50 + 100 = 160[\Omega]$

直並 1)　$\dfrac{1}{\dfrac{1}{10 + 50} + \dfrac{1}{100}} = \dfrac{150}{4}[\Omega]$

2)　$\dfrac{1}{\dfrac{1}{10 + 100} + \dfrac{1}{50}} = \dfrac{275}{8}[\Omega]$

3) $\dfrac{1}{\dfrac{50}{100}+\dfrac{1}{10}}=\dfrac{75}{8}[\Omega]$

並直 1) $\dfrac{1}{\dfrac{1}{10}+\dfrac{1}{50}}+100=\dfrac{650}{6}=\dfrac{225}{2}[\Omega]$

2) $\dfrac{1}{\dfrac{1}{50}+\dfrac{1}{100}}+10=\dfrac{100}{3}+10=\dfrac{130}{3}[\Omega]$

3) $\dfrac{1}{\dfrac{1}{10}+\dfrac{1}{100}}+50=\dfrac{100}{11}+50=\dfrac{650}{11}[\Omega]$

並並 : $\dfrac{1}{\dfrac{1}{10}+\dfrac{1}{50}+\dfrac{1}{100}}=\dfrac{100}{13}[\Omega]$

2 (a) 回路に 1[A] を流入する．回路の対称性より，下図のように 0.5[A] ずつ分流する．

したがって，a, b 間の電圧は $0.5\times1\times2=1$[V] となり，

$$\frac{1[\mathrm{V}]}{1[\mathrm{A}]}=1[\Omega]$$

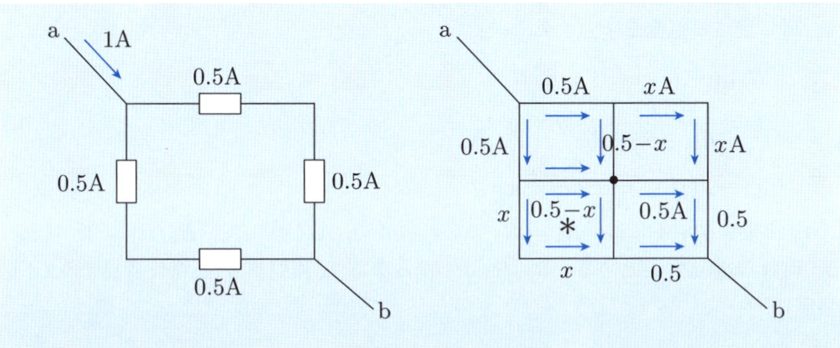

(b) 同様の考え方で a → b 間に 1[A] 流す．対称性を考慮すると上図のようになる．図中の＊から，

$$(0.5-x)\times2=2x$$

より，

$$x=0.25$$

よって a, b 間の電圧は,

$$(0.5 \times 1 + 0.25 \times 1) \times 2 = 1.5[\mathrm{V}]$$

よって，求める抵抗は 1.5[Ω]

3 (1) $\dfrac{R_2}{R_1+R_2}E$

(2)
$$\frac{\dfrac{1}{\dfrac{1}{R_2}+\dfrac{1}{R}}}{R_1+\dfrac{1}{\dfrac{1}{R_2}+\dfrac{1}{R}}}E = \frac{\dfrac{R_2R}{R+R_2}}{R_1+\dfrac{R_2R}{R+R_2}}E$$
$$= \frac{R_2R}{R_1(R+R_2)+R_2R}E$$

(c)
$$\left\{\frac{R_2}{R_1+R_2} - \frac{R_2R}{R_1(R+R_2)+R_2R}\right\}E$$
$$= \frac{R_1R_2(R+R_1)+RR_2^2-(RR_1R_2+R_2^2+R_2^2R)}{(R_1+R_2)\{R_1(R+R_2)+R_2R\}}E$$
$$= \frac{R_1R_2^2}{(R_1+R_2)\{R_1(R+R_2)+R_1R\}}E$$

4 R に流れる電流を I とすると,

$$R_1(J-I) = (R_2+R_3)I$$
$$I = \frac{R_1}{R_1+R_2+R_3}J$$
$$V_2 = R_2I = \frac{R_1R_2}{R_1+R_2+R_3}J$$

V_2 を最大にするには，$R_1 = R_2$ であればよい．したがって，$R_2/R_1 = 1$

5 流れる電流を I とする．R_2, R_4, R_5 からなる Δ 回路を Y 回路に変換する (下図参照).

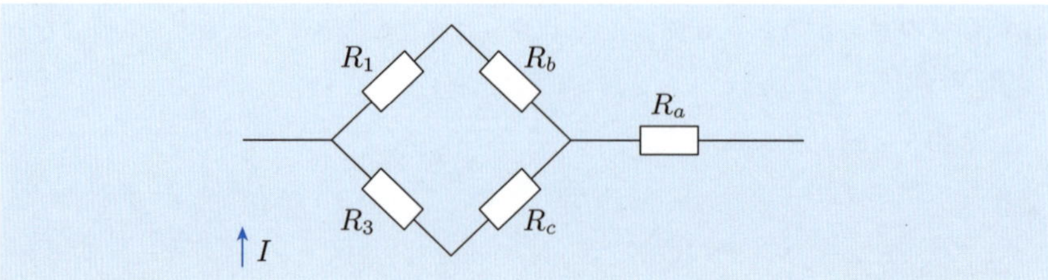

R_1 に流れる電流 I_1 は

$$I_1 = \frac{R_3 + R_c}{R_1 + R_b + R_3 + R_c} I$$

ただし

$$R_b = \frac{R_2 R_5}{R_2 + R_4 + R_5}, \quad R_c = \frac{R_4 R_5}{R_2 + R_4 + R_5}$$

これより，

$$I_1 = \frac{R_3(R_2 + R_4 + R_5) + R_4 R_5}{(R_1 + R_3)(R_2 + R_4 + R_5) + R_5(R_2 + R_4)} I$$

次に，もとの図において R_1, R_2, R_5 からなる Δ 回路を Y 回路に変換する (下図参照).

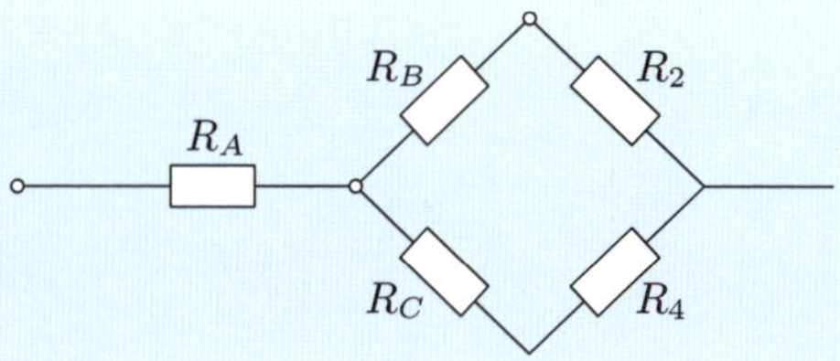

R_2 に流れる電流 I_2 は

$$I_2 = \frac{R_4 + R_C}{R_2 + R_B + R_4 R_C} I$$

ただし

$$R_B = \frac{R_1 R_5}{R_1 + R_3 + R_5}, \quad R_C = \frac{R_3 R_5}{R_1 + R_3 + R_5}$$

これより，

$$I_2 = \frac{(R_1 + R_3 + R_5) R_4 + R_3 R_5}{(R_2 + R_4)(R_1 + R_3 + R_5) + R_5(R_1 + R_3)} I$$

以上より，$I_1 = I_2$ として $R_1 R_4 = R_2 R_3$ を得る．これをブリッジの平衡条件という (R_5 に電流は流れない).

2　独立な方程式を求めるために

1　(1)　次の表参照.

	1	2	3	4	5
①	1	0	1	0	0
②	−1	1	0	0	1
③	0	−1	−1	−1	0
④	0	0	0	1	−1

(2) 1, 2, 4

(3) タイセット行列

	3	5	1	2	4
3	1	0	−1	−1	0
5	0	1	0	−1	1

カットセット行列

枝	3	5	1	2	4
1	1	0	1	0	0
2	1	1	0	1	0
4	0	−1	0	0	1

(4) $\boldsymbol{A}\boldsymbol{A}^t = \begin{bmatrix} 2 & -1 & -1 \\ -1 & 3 & -1 \\ -1 & -1 & 3 \end{bmatrix}$ より，$|\boldsymbol{A}\boldsymbol{A}^t| = 8$

よって，すべての木は，

$\{1,2,4\}$，$\{1,2,5\}$，$\{1,3,4\}$，$\{1,3,5\}$，$\{1,4,5\}$，$\{2,3,4\}$，$\{2,3,5\}$，$\{3,4,5\}$

2 $$\begin{bmatrix} G_1+G_2 & -G_2 & -G_1 \\ -G_2 & G_2+G_3 & 0 \\ -G_1 & 0 & G_1+G_4 \end{bmatrix} \begin{bmatrix} V_1 \\ V_2 \\ V_3 \end{bmatrix} = \begin{bmatrix} J_5 \\ 0 \\ J_5 \end{bmatrix}$$

3 $$\begin{bmatrix} R_1+R_2+R_3 & -R_2 & 0 \\ -R_2 & R_2+R_4+R_5 & -R_5 \\ 0 & -R_5 & R_5+R_6+R_7 \end{bmatrix} \begin{bmatrix} I_1 \\ I_2 \\ I_3 \end{bmatrix} = \begin{bmatrix} E_0 \\ 0 \\ V \end{bmatrix}$$

3 直流回路の諸定理

1 R_2, R_3, R_4 からなる Δ 回路を Y 回路に変換する (次ページの図).

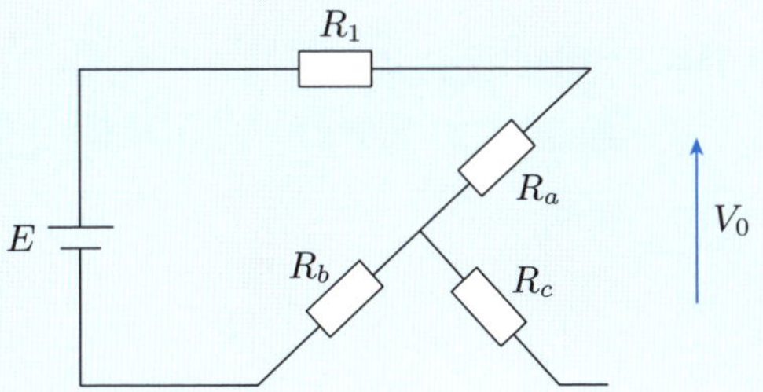

V_0 は R_a にかかる電圧である．

$$R_a = \frac{R_2R_3}{R_2 + R_3 + R_4}$$

$$R_b = \frac{R_2R_4}{R_2 + R_3 + R_4}$$

であるから，R_a にかかる電圧 V_0 は

$$V_0 = \frac{R_a}{R_1 + R_a + R_b}E$$

$$= \frac{R_2R_3}{R_1(R_2 + R_3 + R_4) + R_2R_3 + R_2R_4}E$$

a, a$'$ から見た抵抗 R は

$$R = \frac{R_1R_2R_3 + R_1R_3R_4 + R_2R_3R_4}{R_1R_2 + R_1R_3 + R_1R_4 + R_2R_3 + R_2R_4}$$

より，テブナン等価回路は得られる．

ノートン等価回路は

$$J_0 = \frac{V_0}{R} = \frac{R_2R_3}{R_1R_2R_3 + R_1R_3R_4 + R_2R_3R_4}E$$

より得られる (下図)．

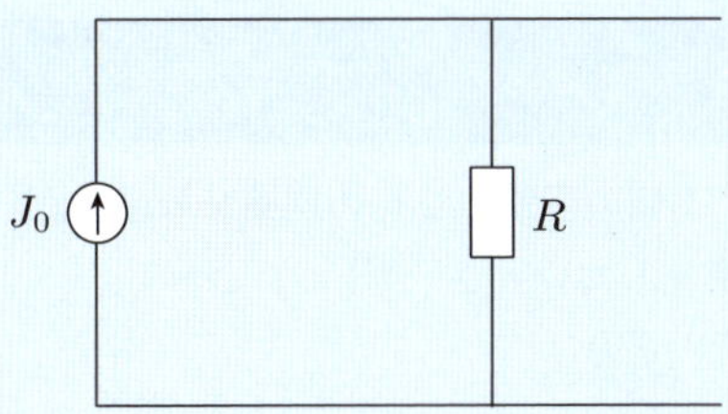

2　前問 1 の R となる．

3　変化分を表す回路は，下図のようになる．

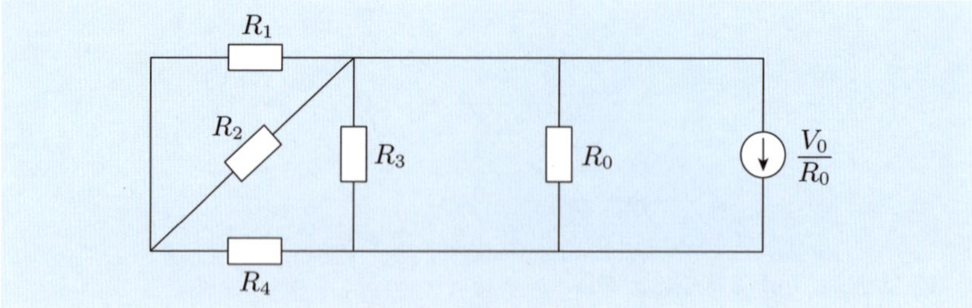

したがって，R_0 にかかる電圧 (変化分) は

$$\frac{(R_1R_2 + R_1R_3 + R_2R_3)R_4}{(R_1 + R_2)R_0R_4 + (R_1R_2 + R_1R_3 + R_2R_3)(R_0 + R_4)}V_0$$

これが 10^{-3} より小さいことより

$$R_0 \geq \frac{(10^3 - 1)(R_1R_2 + R_1R_3 + R_2R_3)R_4}{(R_1 + R_2)R_4 + R_1R_2 + R_1R_3 + R_2R_3}$$

4　回路の計算に必要な電気磁気

1　単位当たりの静電容量を C とすると，

$$C = \frac{\varepsilon}{d}$$

$$d = \frac{V}{E} \times 10^{-2}[\mathrm{m}]$$

$$\therefore \quad C = \frac{\varepsilon E}{V} \times 10^2[\mathrm{F}] = 0.021[\mu\mathrm{F}]$$

2~5　省略

5　交流回路

チェック問題 5.1　(1)　1 側の回路と 2 側の回路を分離したいとき

(2)　電圧–電流の値を変化したいとき (変圧器)

チェック問題 5.2　負荷の電力は

$$R_L = \frac{G_L}{(G_0 + G_L)^2 + (B_0 + B_L)^2}|J|^2$$

となる．これは，電圧源と直列インピーダンス $Z_0 = R_0 + jX_0$, $Z_L = R_L + jX_L$ のときと，

$$\text{抵抗 } R \to \text{コニダクタンス } G,\quad \text{リアクタンス } X \to \text{サセプタンス } B,$$
$$\text{電圧源 } E \to \text{電流 } J$$

と置き換えたものとなっている．したがって，同様の考え方で (5.49) が得られる．

章末問題

1 • $|r + j/\omega L| = \sqrt{r^2 + (\omega L)^2}$

$$\omega = 2\pi f = 2\pi \times 50 = 100\pi$$

より，$Z \simeq 33.0[\Omega]$
よって，3.30[A]
• $\left|R + \dfrac{1}{j\omega C}\right| = \sqrt{R^2 + \left(\dfrac{1}{\omega C}\right)^2}$
で計算し，0.0314[A] = 31.4[mA]

2 直流と同様に (ただし，複素数)，平衡条件を考える．

$$R_1(R_4 + j\omega L_4) = R_3(R_2 + j\omega L_2)$$

実部・虚部を等しいとして，

$$R_4 = \frac{R_2 R_3}{R_1},\quad L_4 = \frac{R_3 L_2}{R_1 L_4}$$

3 a, a′ の電圧は，

$$V_{aa'} = \frac{\dfrac{R_2}{1 + j\omega C_2 R_2}}{(R_1 + j\omega L_1) + \dfrac{R_2}{1 + j\omega C_2 R_2}} E$$
$$= \frac{R_2}{(R_1 + j\omega L_1)(1 + j\omega C_2 R_2) + R_2} E$$

a, a′ から見たインピーダンス $\dot{Z}$ は，

$$\frac{1}{\dfrac{1}{R_2} + j\omega C_2 + \dfrac{1}{R_1 + j\omega L_1}}$$
$$= \frac{R_2(R_1 + j\omega L_1)}{R_1 + j\omega L_1 + j\omega C_2 R_2(R_1 + j\omega L_1) + R_2}$$
$$= \frac{R_2(R_1 + j\omega L_1)}{R_1 + R_2(1 - \omega C_2 R_2) + j\omega(L_1 + C_2 R_1 R_2)}$$

よって，a, a′ を短絡したとき，電流 $\dot{I}$ は

$$\dot{I} = \frac{E}{R_1 + j\omega L_1}$$

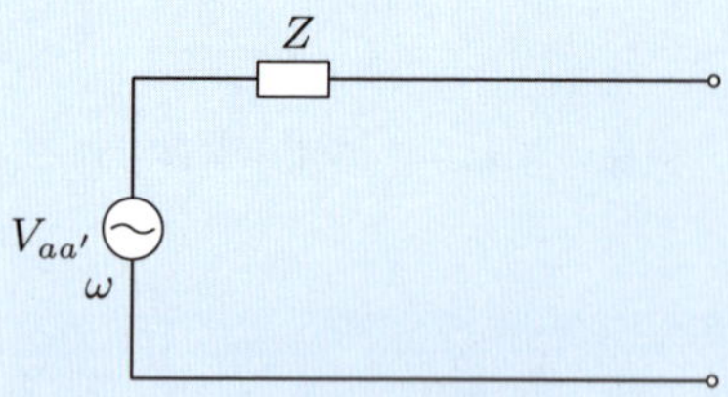

ノートン等価回路

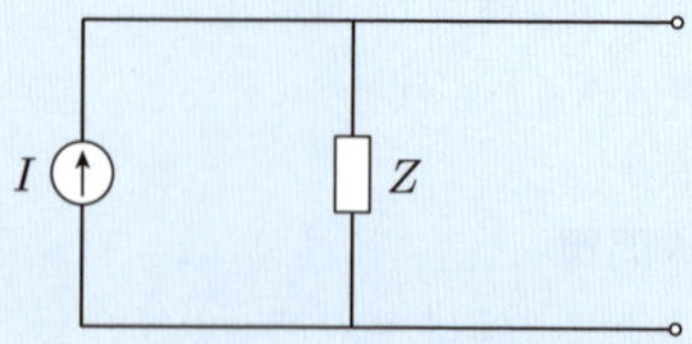

テブナン等価回路

4　a, a′ 開放時の電圧が

$$\frac{R_2}{(R_1 + j\omega L_1)(1 + j\omega C_2 R_2) + R_2} E$$

であるので，この電圧を V_0 とすると，下図のようになる．

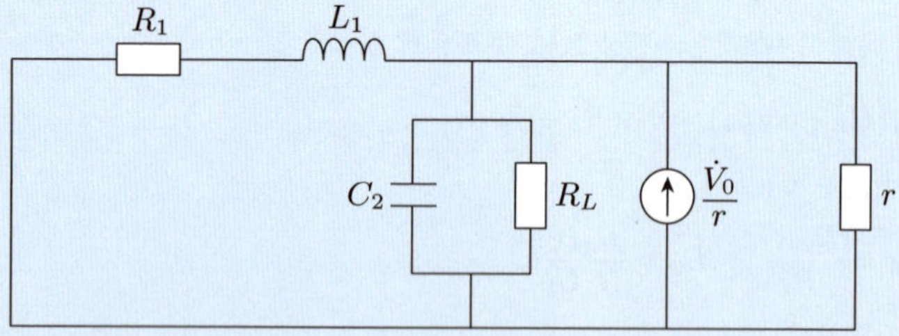

5　a, a′ から見たインピーダンス $|\dot{Z}|$ と r を等しくすればよい．したがって

$$r = \sqrt{R_1^2 R_2^2 + (\omega L_1 R_2)^2}\{R_1 + R_2(1 - \omega C_2 L_1)\}^2 + \{\omega(L_1 + C_2 R_1 R_2)\}^2$$

6　図の回路をかき直すと，下図のようになる．

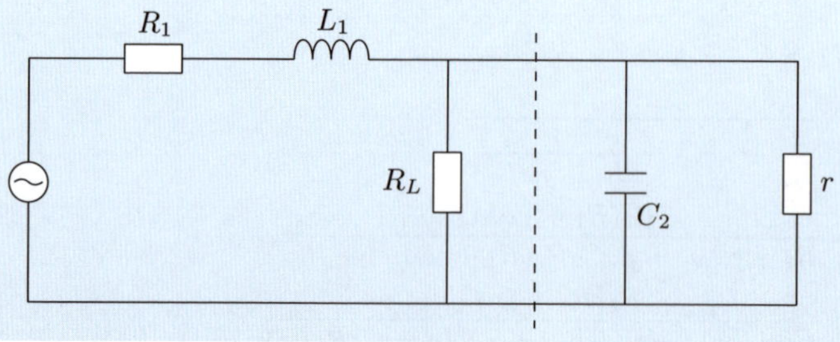

r と C_2 の並列回路を負荷とみなす．そのアドミッタンスは

$$\dot{Y}_L = \frac{1}{r} + j\omega C_2$$

点線から左に見たアドミッタンス Y_0 は

$$\begin{aligned}\dot{Y}_0 &= \frac{1}{R_L} + \frac{1}{R_1 + j\omega L_1}\\ &= \frac{R_1^2 + R_1 + R_1R_L + (\omega L_1)^2 - j\omega L_1 R_L}{R_L\{R_1^2 + (\omega L_1)^2\}}\end{aligned}$$

したがって，

$$\frac{1}{r} = \frac{R_1^2 + R_1R_L + (\omega L_1)^2}{R_L\{R_1^2 + (\omega L_1)^2\}}$$

$$C_2 = L_1R_L$$

のとき，最大電力を得る．

6 電気計測

1　積分器の記号を 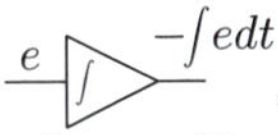

，

加算器の記号を 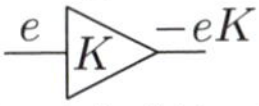

とする．これを用いると式は，下図の回路となる．

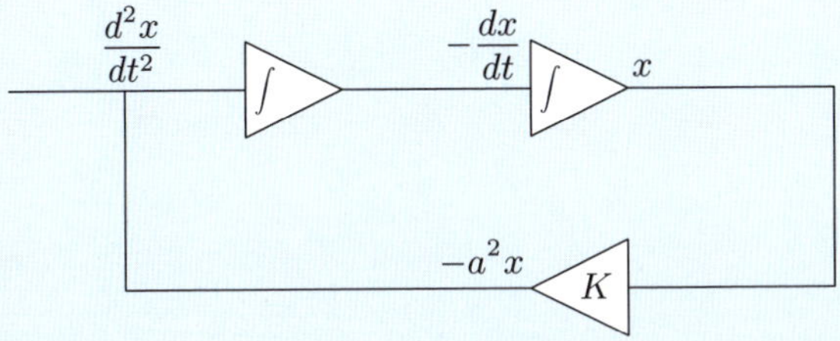

所望の正弦波を得るために積分器のコンデンサの初期電圧を定める (試みよ).

2
$$\begin{aligned} y &= \overline{x}_1 \cdot x_2 \cdot x_3 + x_1 \cdot \overline{x}_2 \cdot \overline{x}_3 + x_1 \cdot x_2 \cdot x_3\\ &= (\overline{x}_1 + x_1) \cdot x_2 \cdot x_3 + x_1 \cdot \overline{x}_2 \cdot \overline{x}_3\\ &= x_2 \cdot x_3 + x_1 \cdot \overline{x}_2 \cdot \overline{x}_3\\ &= x_2 \cdot x_3 + x_1 \cdot (\overline{x_2 + x_3})\end{aligned}$$

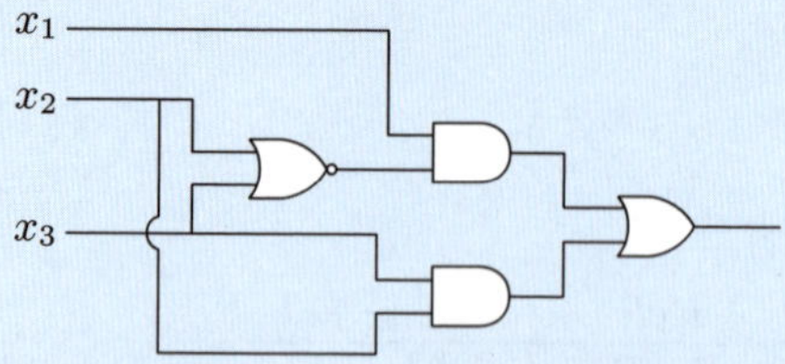

7　電気機械変換

1　$\dfrac{r'}{s}$：一定

$$\frac{r'_2}{0.2} = \frac{r'_2}{1} \;\Rightarrow\; r'_2 = 5r'_2$$

よって，5 倍

2　2 次出力 P_2 とすると，

$$0.1P_2 = 5[\mathrm{kW}], \quad P_2 = 50[\mathrm{kW}]$$

機械的出力は，

$$0.9 \times 50[\mathrm{kW}] = 45[\mathrm{kW}]$$

参考文献

電気回路については，

［１］　熊谷三郎編，大学課程電気回路 (1)，オーム社，1968.
ただし，第３版は，大野克郎・西哲夫著，大学課程電気回路 (1)［第３版］，オーム社，1999.

［２］　小澤孝夫著，電気回路 I (基礎・交流編)，昭晃堂，1978.

電磁気学については，

［３］　山田直平原著，桂井誠著，電気磁気学，電気学会，2003.

電気計測については，

［４］　原宏編著，量子電磁気計測，電子情報通信学会，1991.

［５］　廣瀬明著，電気電子計測，数理工学社，2003.

電機機器については，

［６］　ネーサー著，村崎憲雄著，マグロウヒル大学演習シリーズ・電気機器工学，マグロウヒルブック社，1982.

［７］　山口次郎他編，大学課程　電気電子工学概論，オーム社，1992.

索　　引

タ 行

ナ 行

ハ 行

マ 行

ヤ 行

ラ 行

欧 字

著者略歴

仁田旦三（にった たんぞう）

1944年　8月2日生まれ
1967年　京都大学工学部電気工学第二学科卒業
1972年　京都大学大学院博士課程単位取得退学
1980年　京都大学工学部助教授
1996年　東京大学大学院工学系研究科教授
2007年　東京大学名誉教授，電力中央研究所研究顧問
2008年　明星大学理工学部教授(2014年退職)
電気学会，低温工学・超電導学会等会員，工学博士

主要著書

大学課程電気機器(1・2)[改訂2版](共編著,オーム社)1995年
パワーエレクトロニクス(共編著，オーム社)2005年
超電導エネルギー工学(編著，電気学会，オーム社)2006年
基礎電気回路(編著，電気学会，オーム社)2011年
電気機器学基礎(共著，数理工学社)2011年

新・電気システム工学＝TKE-1
電気工学通論

2005年10月25日©　　初版発行
2017年4月10日　　初版第3刷発行

著者　仁田旦三　　発行者　矢沢和俊
印刷者　中澤　眞
製本者　米良孝司

【発行】　株式会社　**数理工学社**
〒151-0051　東京都渋谷区千駄ヶ谷1丁目3番25号
☎(03)5474-8661(代)　サイエンスビル

【発売】　株式会社　**サイエンス社**
〒151-0051　東京都渋谷区千駄ヶ谷1丁目3番25号
☎(03)5474-8500(代)　振替 00170-7-2387

組版　ビーカム
印刷　(株)シナノ　製本　ブックアート

《検印省略》

ISBN4-901683-28-4

PRINTED IN JAPAN

サイエンス社・数理工学社の
ホームページのご案内
http://www.saiensu.co.jp
ご意見・ご要望は
suuri@saiensu.co.jp　まで.